공부와
맛짱뜨기

학원 안 다니고 서울대 간 아이들이 말하는

공부와 맞짱뜨기

• 박효정 지음 •

북포스

달라진 입시,
우리도 달라져야 해

중학생이나 심지어 고1 아이들을 만나서 "입학사정관제에 대해 교육받은 적이 있니?"라고 물어보면 아이들은 대답한다. "아니요."

"그럼, 수시 보려면 준비해야 할 것에 대해서는 알고 있니?" "아니요."

"혹시 대학 논술 문제를 본 적은 있니?" 역시나 같은 대답이다. "아니요."

심지어 "그런 걸 지금 알아야 해요?"라고 되묻기도 한다.

이런 중요한 사실들은 모른 채 아이들은 그냥 열심히 공부만 한다. 학원 숙제하느라 정신없이 바쁘고 학원에서 나누어준 문제집 푸느라 지쳐가면서 말이다. 엄마들도 아이가 그저 공부만 열심히 하면 좋은 대학에 갈 거라고 굳게 믿고 있다.

하지만 입시는 달라졌다. 조용히 공부만 잘하면 좋은 대학 가던

시절은 2G와 함께 사라지고, '네가 어떤 사람인지 보여달라'고 요구하면서 LTE 속도로 진화하고 있다.

당장 2013학년 입시를 보자. 서울대는 80퍼센트의 학생을 수시를 통해 선발하는데, 더군다나 100퍼센트 입학사정관 전형이다. 서울교대는 모집 인원 전부를 입학사정관 전형으로 뽑는다. 다른 대학들도 수시와 입학사정관 전형 비율을 빠르게 늘리고 있다. 그나마 믿고 있던 수능은 점점 쉬워져서 변별력이 없어지고 중학교는 2012년부터, 고등학교는 2014년부터 학교에서 등수와 등급이 모두 사라지는 절대내신제가 실시된다. 물론 아직도 성적은 중요하다. 하지만 성적에만 목을 매고 있다가는 원하는 대학이 어디든, 그곳에 갈 수 없을 것이다.

원하는 대학에 가려면 성적 이외의 많은 것을 지금부터 준비해야 한다. 현재 입시는 교과와 비교과를 함께 본다. 교과는 말 그대로 성적이고 비교과는 공부 이외의 것, 즉 특별활동, 봉사활동, 독서, 행동특성, 재량활동, 진로활동 등등이다. 그뿐 아니라 논술과 구술 면접으로 아이가 논리적이고 자기주장이 있는 아이인지 파헤치고, 역경 극복 사례나 자기주도 학습 경험 등을 써내는 자기소개서로 미래에 대해 비전과 자신감이 있는지 검증한다.

그런데 문제는 입시에서 너무나 중요한 이 비교과 영역과 논술, 구술, 자기소개는 절대 벼락치기가 안 된다는 것이다. 아이의 인성, 자기주도력, 가능성과 성취 능력은 수년에 걸쳐 쌓아가야 하는 것이지 학원에서 3개월 속성으로 만들어지는 것이 아니기 때문이다.

일단 지금은 열심히 공부하다가 논술이나 자기소개서 같은 건 나중에 학원에서 해결해보겠다고? 천만에! 오히려 학원은 논술이나 자기소개서에 필요한 창의성과 자기주도력을 철저하게 짓밟는 곳이다. 더군다나 입학사정관이 가장 싫어하는 것이 바로 그 '사교육 냄새'다.

좋은 대학에 가고 싶다면, 입시에서 인생역전을 만들고 싶다면, 학원을 믿는 게 아니라 '나'의 가능성을 믿어야 한다. 비겁하게 학원 뒤에 숨지 말고 나의 자존감과 성취 능력을 끌어올려 공부와 맞짱을 떠야 한다.

오랜 학원 강사 생활 동안 내가 만났던 수많은 1등들은 누구도 학원을 믿지 않았다. 자기 스스로 계획을 세워 즐겁게 공부했으며 모르는 게 있을 때 잠깐씩만 학원을 이용했다. 그렇다고 그 아이들이 타고난 독종인 것은 아니다. 단지 지금 무엇을 해야 하는지, 어디로 가야 하는지 정확하게 알고 있을 뿐이다. 그리고 무엇보다 그들은 자신을 컨트롤할 줄 알았다. 자신의 에너지를 어떻게 끌어올리고, 어떻게 집중력을 높이고, 어떻게 공부계획을 세우며, 슬럼프가 찾아왔을 때 어떻게 헤쳐나가야 하는지 방법을 알고 있었다.

모든 일이 그렇지만 공부는 특히 자신과의 싸움이다. 하지만 이 싸움을 무조건 힘만 쓰다가 어이없이 지는 싸움으로 만들지, 전략과 전술을 적절히 구사해 이기는 싸움으로 만들지는 지금의 선택에 달렸다. 현명한 선택으로 이기는 싸움을 시작하자.

자, 지금은 어리석은 공부 방법을 재정비할 시간이다. 학원을 향한 애정을 과감히 집어 던지고 자신의 인지조절 능력, 동기조절 능력, 행동조절 능력을 최대치로 끌어올리자.

'나의 학습계획을 스스로 설계해야겠다'는 마음만 굳게 먹는다면, in서울뿐이랴? 이제까지 불가능하다고만 여겼던 명문대학 합격증을 얼마든지 손에 쥘 수 있다.

어깨를 쫙 펴고 힘차게 앞으로 걸어나가는 아이들의 미래에 건투를!

박효정 샘

차 례

4부_동기조절 능력
: 희망을 만드는 공부 습관

5부_행동조절 능력
: 미래를 디자인하는 공부 방법

수능에는 완전히 이해하지 못하면 풀 수 없는 문제가 많다. 이 완전한 이해는 스스로 고심하지 않으면 절대 도달하지 못한다. 학원 강사는 이런 완전한 이해를 주지 못한다. 수능에 성공하려면 반드시 혼자 공부해야 한다.

– 김자정(서울대 의예과)

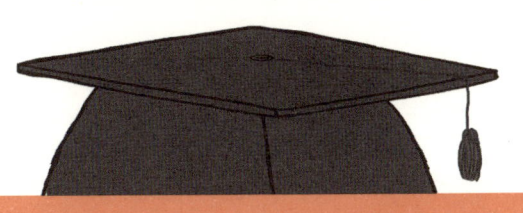

1부

지금까지는
몰랐던
학원의 비밀

01

학원의 첫 번째 비밀: 학원은 전문가 집단?

우리는 아주 어릴 때부터 학원은 성적을 올려주는 곳이라고 생각하며 살았다. 성적이 떨어지면 엄마는 항상 네 손을 잡고 주변에서 가장 괜찮은 학원을 찾아가곤 하셨지. 학원에 가면 선생님은 언제나 네 두 손에 문제집을 가득 안겨주셨고 너는 학원과 집에서, 심지어 학교에서조차 그 문제집을 푸느라 온 힘을 다했다. 하지만 성적은 오르지 않았지. 이유가 뭘까?

우리가 학원에 대해 가지고 있는 가장 커다란 오해 한 가지는 그곳이 '전문가 집단'이라고 생각한다는 것이다. 학원은 입시의 최전

선에서 아이들을 좋은 대학에 보내기 위해 불철주야 노력하는 전문가 집단이므로, 학교와는 비교도 안 되는 첨단 커리큘럼과 훨씬 좋은 교재를 가지고 아이들을 위해 애쓸 것이라고 흔히들 생각한다. 아마도 대부분의 엄마가 이런 착각을 하고 있으리라.

그러나 학원을 내는 데는 아무런 자격요건도 필요하지 않다. 물론 학원을 내려면 몇 가지 조건을 갖춰야 한다. 몇 평 이상의 장소가 있어야 하고 소방 시설 같은 면에서 까다로운 심사를 거친다. 하지만 그 심사에는 학원을 내는 원장 선생님의 교육적 소신이나 아이들을 어떤 태도로 지도할 것인가 등은 포함되지 않는다. 학원을 내는 데 드는 어려움은 다 시설에 관련된 서류상의 문제들이지 교육과 관련있는 자격요건은 아니라는 말이다. 바꿔 말하면, 서류에서 요구하는 눈에 보이는 요건만 갖추면 누구나 학원을 차릴 수 있다는 얘기가 된다.

그러므로 엄마가 '전문가 집단'이라고 철석같이 믿고 있는 학원은 절대, 전혀, 전문가 집단이 될 수 없다. 학원을 '전문가'라고 규정짓는 자격의 틀이 허술하기 짝이 없기 때문이다. 원장님은 학생에 대한 이해나 교육에 대한 원대한 비전을 가지고 학원을 차리지 않는다. 정말 솔직히 말하자면, 그들은 남의 아이 성적에는 관심이 없다. 그렇다면 그들은 까다로운 건축설비 심사까지 받아가면서 왜 학원을 내는 것일까? 이유는 단 한 가지, 돈을 벌기 위해서다.

식당, PC방, 커피숍을 내는 것처럼 그들은 학원을 차려서 선생님이 된다. 짜장면을 팔고 커피를 팔아서 돈을 벌려고 하는 것처럼, 원장님도 학생들을 끌어모아서 돈을 벌기를 원한다. 크든 작든 학원을 내기 위해서는 엄청난 자본금이 필요하다. 엄마들에게 신뢰를 줄 수 있는 고급스러우면서 현대적인 인테리어를 해야 하기 때문이다. 좁은 공간에 최대한 많은 학생이 들어가도록 교실도 꾸며야 하고, 책상과 의자도 들여야 한다. 학원 선생님들한테 들어가는 인건비도 만만치 않다. 이런 이유 때문에 학원을 내려면 상상을 초월하는 막대한 비용이 든다. 그런데 이 많은 비용을 감수하고서도 학원을 내는 이유는 들어간 돈과는 비교도 안 될 만큼 큰돈을 벌 수 있으리라 믿기 때문이다. 학원은 그 비용을 뽑기 위해 강력하고 화려한 마케팅을 펼친다. 이 마케팅에 걸려드는 사람은? 물론 엄마들이지.

사실 돈을 벌려고 노력하는 일이 나쁜 것은 아니다. 자본주의 사회에서 돈을 많이 벌겠다는 것이 뭐가 나쁘니? 학원을 해서든 과외를 해서든 돈을 많이 벌고 싶다는 생각은 전혀 나쁜 게 아니다. 나쁜 것은 그들 스스로 돈을 많이 벌기를 원하는 '장사꾼'이 아니라 너희를 위해 끊임없이 노력하는 '교육자'라고 떠벌린다는 것이다. 그들은 자신들을 교육자라고 할 뿐만 아니라 더 나아가 '교육 전문가'라고 자처한다. 그들은 '내가 교육 전문가라고 하면 엄마들이 나를 믿고 아이를 학원에 보내겠지'라고 생각한다.

"저는 장사꾼입니다. 애들을 열심히 모아서 떼돈을 버는 것이 목적입니다"라고 말하는 학원 원장님을 혹시 만나본 적이 있니? 원장님은 그렇게 말하지 않는다. 어떤 원장님이든 자신은 아이들을 너무나 사랑하며, 아이들 교육에 수년 동안 헌신해왔고 아이들 성적을 올리는 데 이 근방에서 자신을 따라올 사람은 없다고 말한다. 대다수 엄마는 이 정도 속임수에 넘어가게 되어 있다. 성적을 올려주는 것도 감사한 마당에 아이를 사랑하는 전문가라는데 더 말해 무엇하랴? 엄마는 원장님의, 선생님의 당당한 포스에 눌려 덜컥 등록부터 하고 본다. 네가 학원에 가게 된 이유다.

02

학원의 두 번째 비밀: 80% 적중률의 교재?

학원에서 가장 많이 광고하는 내용이 뭔지 아니? '우리 학원은 자체 제작한 특별한 교재를 사용하는데 그 교재가 어찌나 우수한지 이번 기말고사에서 80퍼센트 이상 유사 문제가 출제되었다'는 것이다. 그러고는 학원 교재와 우리 학교 중간고사 문제를 직접 비교해서 보여준다. 어쩌면 이럴 수가! 정말 비슷하다. 보기만 약간 틀릴 뿐 지문까지 거의 같다. 엄마와 나는 학원에 대한 믿음이 팍! 생긴다. '이렇게 기말고사 문제까지 짚어내는 학원이라면 믿을 만하겠어. 기말고사 적중률이 80퍼센트가 넘는다잖아. 그럼 일단 학원에서 주는 문제집만 풀어도 80점은 따놓고 들어가는 거잖아. 그래, 저 훌륭한 교재를 갖기 위해서라도 일단 등록을 해야겠어.'

그러나 여기서 학원이 말하지 않는 사실이 하나 있다. 중간고사 범위는 한정되어 있고, 그 단원에서 나올 수 있는 문제 역시 한계가 있다는 것이다. 국어 1~3단원 안에서 수천 개의 문제를 뽑아낼 수는 없으니 말이다. 더구나 그 범위 안에서 중요한 문제라는 건 특히 더욱 한정적이다. 그러니 같은 단원의 문제집을 반복해서 풀면 당연히 비슷한 문제를 계속해서 만나게 된다. 학원의 기출문제집은 대부분 학원 강사들이 만드는데, 여러 출판사의 문제집을 갖다 놓고 그중 괜찮은 문제를 골라 지문과 보기만 살짝 바꾸거나 이것도 귀찮으면 그냥 순서만 바꿔서 'ㅇㅇ학원 기출문제집'으로 묶어낸다. 그러니 학원에서 만든 기출문제집이라는 것이 다른 출판사 문제집과 특별히 다를 수가 없다. 게다가 오래된 학원은 인근 학교의 기출문제를 모아서 'ㅇㅇ학교 기출문제집'이라고 무슨 대단한 기밀문서 다루듯이 아이들에게 돌리기도 한다. 그렇지만 잘 보면 대부분 문제가 학교 선생님이 아침 자습시간에 풀게 했던 것들이다.

여기서 궁금한 것 한 가지를 짚어보자. 학교 선생님들은 어떻게 문제를 낼까? 학교 선생님들은 전지전능한 신이나 그 비슷한 존재에게 문제를 계시받을까? 아니다. 선생님들 역시 기존의 문제집에서 도움을 받는다. 물론 교과서를 바탕으로 출제하기는 하지만 기존 문제집을 보며 좋은 문제를 참고하고, 유형을 바꾸거나 다듬어서 시험 문제로 만든다. 수업시간에 특히 강조해서 설명했던 부분을 문제로 만들기도 한다. 하지만 어쨌든 중요한 것은 이것이다. 학원과 학교 어느 쪽도 기존 문제집에서 크게 벗어나는 문제를 내지는 않는다는 것! 하늘에서 뚝 떨어진 처음 보는 문제 같은 것은 학교 시험에는 없다(이런 건 대기업 입사시험에나 있을까 모르겠다).

그러니까 결론은, 모두가 문제집을 보고 서로 베끼고 도움받고 응용하므로 기존 문제집보다 학원 문제집이 더 나을 게 없다는 것이다. 더 낫다고 광고하는 것은 학원의 마케팅일 뿐이다. 그렇다면 그 기적의 80퍼센트 적중률은 어떻게 된 것인가? 그건 너무도 당연한 결과다. 어차피 학원 교재도 문제집에서 뽑았고 선생님들도 문제집을 참고했으며, 한정된 범위 안에서는 나올 수 있는 문제가 정해져 있기 때문이다. 보기가 비슷하고 문제 유형이 비슷하며 지문이 비슷하다. 이건 학원 교재와 학교 시험 문제만 그런 것이 아니라 일반 문제집과 학교 시험 문제를 비교해도 그렇다.

그런데 학교 시험이 끝나면 학원에서는 아이들에게 시험지를 가져오라고 해서 자기 학원 문제집과 비교해 지문, 문제, 보기 셋 중 한 가지라도 비슷한 문제에는 전부 체크를 한다. 몇 퍼센트 이상

비슷한 문제가 아니라 1퍼센트라도 비슷한 문제에는 모두 체크를 하는 것이다. 그러고는 써 붙인다. '80퍼센트 이상 유사 문제 출제!' 그중 운 좋게 매우 비슷한 문제가 나오는 때도 종종 있다. 문제집에 아주 좋은 문제가 있을 때 학원 강사도, 학교 선생님도 모두 그 문제를 빌리기 때문이다. 이럴 때 학원은 이 문제를 너희 엄마한테 보여주며 말한다.

"보세요. 저희 학원 실력이 이 정도입니다. 들리는 얘기로는 ○○학교 선생님들이 저희 학원 기출문제를 참고해서 시험 문제를 내신다고 해요. 하하하."

03

학원의 세 번째 비밀: 전교 1등도 다니는 학원?

학원 마케팅 중에 중요한 것 한 가지는 ○○경시대회에서 학원 아이 몇 명이 상을 탔다거나 ○○학교 전교 1등이 우리 학원에 다닌다고 하는 것이다. 동네에 전단을 돌리거나 커다란 플래카드를 걸어 이런 내용을 수시로 광고한다. 이걸 보고 엄마들은 이렇게 생각한다.

'이름도 거창한 ○○경시대회에 나가서 아이들이 상을 휩쓸다시피 했다니 이 학원은 분명 무슨 비법이 있는 거야.'

'○○학교 전교 1등이라면 학원에 빠삭한 정보통일 텐데, 그 아이가 다니고 있다는 것은 이 학원이 인근 학원 중에서는 가장 좋다는 증거가 아닐까?

그렇게 생각하는 순간 학원 마케팅에 낚이는 것이다.

이름과 사진을 붙여가며 광고하는 ○○경시대회, ○○올림피아드라는 것은 십중팔구 주최자가 학원연합회일 가능성이 농후하다. 엄마들로부터 몇만 원씩 회비를 받아 운영비를 충당하면서 참가하는 아이들 전원에게 트로피 하나씩을 안겨줬던 피아노대회처럼(생각나지?) ○○경시대회의 성격도 그러하다는 것이다. 그러니까 ○○경시대회에 나가서 상을 받은 아이들은 실력이 매우 뛰어난 애들이 아니라 원래부터 상을 받게 되어 있던 아이들이라는 얘기야. 왜냐! 참가비를 냈기 때문에.

하지만 지금의 입학사정관들이 가장 싫어하는 것이 '사교육 냄새'다. 이런 비슷비슷한 대회에 나가서 받은 상을 특목고 제출서류에 써넣으면 오히려 감점 처리를 당한다. 또한 대학 입학 때 네 소개서에 적어 제출한다면, 매서운 입학사정관의 레이더에 걸려 너를 '사교육의 은혜를 듬뿍 받고 자란' 시시한 아이로 만들 뿐이다. 네가 간절히 원해서, 네가 처절하게 노력해서 받은 상이 아니면 이런 상들은 죄다 시간낭비일 뿐이라는 거다.

다른 마케팅은 또 어떤 게 있을까? 학원 마케팅 중 가장 중요한 것은 공부 잘하는 아이를 학원에 데려오는 것이다. 상위권 아이들을 학원에 다니게 해서 그런 아이들이 걸어 다니는 광고판이 되게 하는 것이 가장 효과가 좋다는 것을 학원은 너무나 잘 알고 있다. 그래서 전교 1등을 모시려는 학원의 로비는 실로 눈물겹다. 전교 1등 집에 찾아가 아이를 우리 학원에 보내달라고 부탁한다. 아이 학원비를 받지 않는 것은 물론이며 장학금까지 제공하겠다고 조아리면서 대신 가끔 아이가 학원에 나올 수 있도록만 해달라고 사정하는 것이다. 전교 1등 아이들은 대부분 학원에 의지하기보다 자기 스스로 계획을 세워 공부하기에 학원에 가는 시간을 아까워한다. 그렇지만 어차피 이 아이들도 자신 없는 과목이나 힘들어하는 부분은 있기 마련이지. 그래서 그런 부분에서 도움을 받으려고 학원에서 주는 장학금을 받고 학원에 등록한다. 그러면 학원은 잽싸게 플래카드를 거는 것이다. '○○중학교 전교 1등 ○○○도 다니는 학원!'

일류 대학에 합격한 아이들이나 특목고에 다니는 아이들의 이름이 학원 전단마다 나부끼는 이유는 바로 이 때문이다. 가끔은 우습게도 한 아이의 이름이 여러 학원 전단에 등장하기도 한다.

아이의 학교 성적이 상위 몇 퍼센트 이내라면 학원비를 안 받거나 깎아준다는 것 정도는 사실 새로운 정보도 아니다. 그걸 아는 엄마가 '학원비 안 내는 엄마'라는 소리를 듣기 위해 너를 닦달하기도 하시지 않니?

자, 그러니 속지 말자. ○○중학교 전교 1등을 하는 아이가 이 학원에 다니는 이유는 학원이 매우 우수하기 때문이 아니라 학원에서 매우 간절히 부탁했기 때문이다.

04

학원의 네 번째 비밀:
성적의 수직상승?

샘이 마트에서 장아찌를 산 적이 있다. 만 원 정도였던 걸로 기억하는데 집에 와서 먹어보니 맛이 이상했다. 상하거나 했던 것은 아닌데 간이 안 맞고 어딘지 장아찌 본래의 맛이 안 났다. 샘은 장아찌를 냉장고에 넣어뒀다가 다음에 마트에 갈 때 가지고 가서 맛이 이상하다고 말했다. 직원이 어떻게 이상한지 물어보더니 두말 않고 돈을 내줬다. 샘은 환불까지 받을 생각은 아니었어. 반찬이 상한 것은 아니었고 내 입맛에 안 맞았을 뿐이었거든. 그래서 왜 그런지 물어볼 겸 들고 갔던 거야. 하지만 마트 직원이 얼마나 친절한지 놀랄 정도였어. '우리나라의 서비스 수준은 이제 세계 어디랑 견줘도 손색이 없겠구나' 그런 생각도 들더라.

맞아, 우리나라의 서비스 정신은 세계가 부러워할 만큼 놀라운 수준이다. 학원만 제외하면 말이다. 학원이나 사교육 업체는 흔히 이런 말로 엄마들을 불러 모은다. '우리 학원에 다니면 아이가 집중력도 늘고 창의성도 좋아지고 문제해결력도 월등해지며, 무엇보다 성적이 오른다'고. 엄마는 다른 건 몰라도 성적이 오른다니까 믿고 보내기로 한다. 그런데 너의 성적은 별로 오르지 않는다. 또는 좀 오르는 듯싶다가도 다시 곤두박질친다. 엄마는 학원에 전화를 한다. "왜 성적이 이렇게 형편없이 나왔을까요?" 조심스레 묻는다. 학원 원장님은 청산유수로 대답한다. "어머니, 성적이라는 것이 그렇게 하루아침에 오르는 것이 아닙니다. 그렇게 몇 개월 만에 성적이 척척 오르면 누가 공부하는 것을 힘들다고 하겠습니까? 조금만 더 기다려보세요. 지금은 아이의 나쁜 학습습관을 바로잡고 기초를 다시 다지는 중입니다. 기초가 잡히면 곧 성적이 오를 겁니다." 엄마는 기초를 못 잡아준 엄마 자신을 원망하며 한 번 더 믿어보기로 한다.

그런데 일 년이 다 지나도록 성적이 오르기는커녕 제자리걸음이다. 엄마는 학원에 다시 전화를 건다. "아니, 성적이 이렇게 안 오르니 어쩌면 좋아요. 무슨 해결책이 있어야 할 것 아니에요." 원장님은 오히려 화를 낸다. "어머니, 아이 교육을 그렇게 짧은 시각으로 보시면 어떻게 해요. 아이가 하루 이틀 공부할 것도 아닌데 어머니가 이렇게 재촉을 하시니 저희가 어떻게 확고한 교육관을 가지고 아이를 가르치겠습니까? 지금 저희를 못 믿으시는 겁니까?"

엄마는 어이가 없다. 등록만 하면 당장 성적을 올려줄 것처럼 말한 게 누군데 이제 와서 교육의 본질을 설교한단 말인가? 엄마는 열이 받아서 학원을 그만두기로 한다. 학원은 성적을 올려주기로 한 약속을 지키지 않았다. 문제해결력이나 자기주도 학습 능력 같은 것 역시 키워주었을 리 만무하다. 학원은 약속을 어겼다. 그러나 엄마는 단 한 푼도 환불받지 못한다. 성적이 오르지 않았으니 학원비를 반환하라고 말하면 아마 정신병자 취급을 받을 것이다.

먹던 반찬이 맛없어도 환불해주는데, 삼천 원짜리 상품에 약간의 하자만 있어도 다 바꿔주는데, 삼만 원짜리 드라이기도 끊임없이 AS해주는데, 왜 삼십만 원짜리 학원은 삼백만 원어치를 보내도 환불을 안 해주는 거야? 왜 AS가 없어? 이런 무책임한 경우가 세상에 어디 있느냐고! 이건 내 피 같은 용돈을 강탈하는 일진만큼 악랄한 짓이라고!!!

학원은 어차피 환불을 안 해줄 것이고 어떠한 경우에도 AS는 없으므로 할 수 있는 온갖 환상적인 약속은 다 한다. 책임을 안 질 텐데 뭔 말을 못하겠니? 성적을 높여주고 지능을 올려주며 학습 능력을 향상시키고 자기주도 학습이 되도록 만들겠다는 거짓말을 술술 잘도 한다. 그리고 그렇게 되지 않았을 때는 너를 학원의 훌륭한 커리큘럼을 받아들이지 못하는 특별히 뒤처지는 아이로 만들거나, 네 엄마를 자신들의 교육방침을 이해 못 하는 무식한 엄마로 몰아붙이면서 판정승을 거둔다. 거기에 엄마가 할 수 있는 복수라곤 학원을 그만두고, 옆집 엄마에게 그 학원 보내지 말라고 소문을 내는 것뿐이다. 엄마 아빠가 힘들게 번 돈을 학원이 야무지게 먹어치웠는데 겨우 그 정도밖에 할 수 없단 말이다.

05

학원 선생님의 첫 번째 비밀: 왜 선생님이 되었나?

대학에서 글쓰기를 전공했으나 신춘문예 당선작도 못 쓰고 방송국 작가도 되지 못했던 샘은 졸업과 동시에 백수가 되어버렸다. 덕분에 비싼 돈 주고 대학까지 공부시켰는데 뭐하고 있느냐는 부모님의 따가운 눈총과 친구 만나 커피 한 잔 마실 돈도 없다는 잔인한 현실을 온몸으로 견뎌야 했지.

작가가 되겠다는 꿈이고 뭐고 일단 돈이 필요했다. "돈이 필요해!"를 외치면서 벼룩신문을 펴놓고 머리를 쥐어짜던 내게 '학원 강사 모집'이라는 광고가 눈에 들어왔다. '나는 경력이 없는데 괜찮을까? 교육을 전공하지도 않았는데 괜찮을까?' 같은 두려움은 돈 한 푼 없다는 절박함에 묻혀버리고 샘은 일단 학원에 전화를 걸었다.

"학원 강사 모집 광고 보고 전화했는데요?"

"경험은 있으세요?"

"아, 그게…, 아니요. 별로…."

"그럼, 일단 이력서 들고 학원으로 오세요."

버스를 타고 가는 동안 온갖 걱정이 머리를 꽉 채웠다. '왜 이 일을 하려고 하느냐고 물어보면 돈 없어서 왔다고 말할 수는 없고 뭐라고 하지? 학원 경험은 없지만 과외는 많이 해봤다고 거짓말을 할까? 학원 강사 자질 테스트 같은 걸 받으라고 하면 어쩌지?'

백만 가지 고민을 했던 것과 달리 면접 10분 만에 샘은 덜컥 학원 강사가 되었다. 학원 강사가 되는 데 필요했던 것은 졸업증명서도, 성적증명서도, 토익·토플 점수도, 자기소개서도 아니었다. 자질 테스트 같은 건 있지도 않았으며 샘이 마약사범인지 범죄자인지 성격파탄자인지도 원장님은 알아보려고 하지 않았다. 원장님이 내게 원한 건 달랑 이력서 한 장이었다.

그렇게 이력서 한 장을 내고 샘은 학원 강사가 되었다. 그리고 남은 이십대를 몽땅 학원에서 보냈다. 나날이 노하우가 늘어 처음에는 그렇게 떨리던 엄마들과의 상담도 척척 해냈고 그만두겠

다는 엄마 붙잡는 기술도 착실히 연마했으며 엄마들과 학생들을
잘 꼬여서 원장님이 할당해준 학생 유치도 항상 목표량을 달성했
다. 자신감이 붙은 샘은 학원을 자주 옮겼다. 원장님이 맘에 안 들
면 어머니가 큰 수술을 하셔서 병간호를 해야 한다고 둘러대고 10
만 원 더 주는 학원으로 냉큼 옮기기도 했다. 그리고 옮기면 옮길
수록 학생이 학생으로 보이지 않고 수강료 납부자로 보였다. 학생
들을 다루는 노하우도 점점 늘어갔다. 어디를 때리면 티는 안 나
고 더 아픈지, 어떻게 협박해야 입 꾹 다물고 문제집을 푸는지, 무
슨 벌을 줘야 숙제를 다 해오는지…. 샘은 진정한 학원 강사가 되
었다.

간혹 우리는 뉴스에서 일류대를 나와 학원에 뛰어든 사람을 만
나기도 하고 학교 선생님을 하다가 학원 강사로 전향한 사람을 만
나기도 한다. 그래, 그런 사람이 없는 것은 아니다. 사교육에 너무
나 많은 돈이 몰리고, 스타 강사만 되면 학교 선생님 봉급과는 비
교도 안 되는 돈을 만질 수도 있기 때문에 그런 일이 가끔 일어나
기는 한다. 그러나 너희가 만나는 학원 선생님들은 나처럼 그냥
어쩌다 보니 학원 강사가 된 사람들이다. 만약 스펙이 빵빵한 강
사가 있다면 벌써 더 큰 학원의 러브콜을 받았을 테니 네가 다니는
학원에 있을 리가 없다.

샘은 어릴 때부터 학원 강사가 꿈이었던 사람을 이제까지 한 명

도 만나보지 못했다. 네가 수업을 듣는 선생님들 누구도 학원 강사가 되기를 원치 않았다. 그분들은 다른 꿈이 있었다. 하지만 그 꿈을 이루지 못하고 그저 돈을 벌기 위해 강사가 되었다. 그러니 직업적 자부심이 낮을 수밖에 없다. 이런 낮은 직업적 자부심으로 무슨 열정이 넘치는 강의를 하겠냐고!

학원 강사는 100퍼센트 계약직이다. 계약서 같은 것조차 없다. 그냥 원장님 마음에 들어 채용되면 그걸로 끝이다. 언제까지 할지, 월급을 얼마나 받을지는 원장님 마음이다. 원장님이 정하는 기준이 마음에 들거든 출근하면 되고 마음에 안 들거든 다른 학원을 찾으면 된다. 그러므로 4대 보험 같은 게 있을 리 없고, 퇴직금을 주는 곳도 있지만 안 주는 곳이 대부분이며, 보너스는 명절날 원장님이 주는 올리브유 선물세트 같은 게 전부다. 정직한 원장님은 학원 선생님을 교육부에 등록하기도 하지만 대부분의 학원 선생님은 등록이 안 되어 있다. 학원 강사들은 법적으로 무직이다. 그러므로 이런 처우를 받는 학원 선생님들이 직업적 자부심 같은 걸 가지고 있을 리 없다. 교육자라는 자긍심도 없다. 이 모든 조건 때문에 너의 학원 선생님이 그렇게 자주 바뀌는 것이다.

06

학원 선생님의 두 번째 비밀: 서울대 출신 선생님?

샘은 수많은 학원을 옮겨 다녔다. 졸업증명서를 제출했던 때도 있고, 어떤 학원 출신이라고 이력서에 쓰면 졸업증명서를 내라는 말을 하지 않았던 학원도 있었다. 그런데 학원 선생님끼리도 자기가 어떤 학교 출신인지는 아주 친한 사이가 아니면 밝히지 않았다. 학원 강사의 출신 학교는 이렇게 은밀한 비밀이다. 너희 중에 학원 선생님의 졸업증명서를 본 적이 있는 사람, 아니면 혹시 어디 학교 출신이냐고 물어본 친구라도 있니? 우리는 학원 선생님이 어떤 학교에서 무엇을 전공하고 지금 너를 가르치는지 모른다.

물론 좋은 대학을 나왔다고 해서 더 잘 가르치는 것은 아니다. 더 좋은 대학을 나왔다고 해서 아이들을 더 교육적으로 대하리라는 것 역시 말도 안 된다. 오히려 나는 자기가 좋은 대학을 나왔다는 이유로 아이들을 함부로 대하고 학부모에게도 거들먹거리는 덜 되먹은 강사를 수없이 봐왔다. 그럼에도 내가 학원 강사들의 학력을 짚고 넘어가려는 이유는 수많은 학원이 강사들의 학력을 속이고 있기 때문이다.

학원 강사들 사이에는 '서울에 있는 대학 나온 선생님은 서울대 나온 선생님'이라는 말이 있다. 그만큼 학원 강사의 학력은 거짓이 많다는 말이다. 학원 강사가 더 많은 돈을 받기 위해 출신 학교를 속일 때, 원장님은 눈치를 못 채기도 하지만 더러는 알아채기도 한다. 그러나 설령 알아챘더라도 원장님은 그 사실을 굳이 밝혀내려고 하지 않는다. 학원에 좋은 대학 출신 강사가 있다고 소문이 나면 누이 좋고 매부 좋은 일인데 그걸 왜 파헤쳐 긁어 부스럼을 만들겠니? 학원 강사가 출신 학교를 속인 것이 밝혀지는 일은 거의 없다. 혹시 들킨다 해도 원장님으로선 "저는 선생님을 믿었을 뿐이에요"라고 말하고 얼마든지 빠져나갈 수 있다. 그러므로 좋은 대학 출신의 강사란 강사와 학원의 협력으로 탄생하는 합작품이다.

사람이 양심이 있지 설마 그러겠느냐고? 고졸자가 유명 대학교 학장도 하는 게 한국이다. 연예인들은 자기가 나오지도 않은 학교에 가서 '선배님과의 만남'도 척척 하는데 학원 강사라고 못 할 게 뭐 있니? 고등학교만 나온 강사를 서울대 출신 강사로 만드는 일은 땅 짚고 헤엄치기보다 더 쉽다. 그리고 학원가에서는 이런 일이 너무나 많아서 양심을 운운할 만큼 특별한 일도 아니다.

실제로 나랑 매우 친한 친구 하나는 서울에 있는 여대를 중퇴했다. 개인적인 사정으로 등록을 미루다가 중퇴를 한 것이다. 그 친구도 돈을 벌기 위해 학원 강사가 되었다. 그 친구는 지금도 목동에서 잘나가는 입시학원 강사로 살고 있다. 돈도 샘보다 세 배쯤 더 잘 번다. 가끔 만나서 저녁을 먹거나 하면 나는 우스갯소리로 말한다. "여차하면 학원에 가서 네가 고졸이라는 걸 다 밝힐 테다!" 그럼 친구는 웃으며 대답한다. "그래라. 그럼 나는 다른 학원에 가면 되거든." 하지만 밥값을 그 친구가 내니까 일단 참는다.

그 친구는 아마 정말 실력이 있을 것이다. 그렇게 오랫동안 가르쳤으니 실력이 없을 수도 없지 않겠니? 그리고 더욱 다행인 것은 그 친구는 학생들을 예뻐한다. 배우는 학생들에게는 천만다행이지. 문제는 학력을 속이면서 실력이 없거나, 실력뿐 아니라 인격도 형편없는 사람이 네가 다니는 학원에도 존재한다는 사실이다.

다시 말하지만 좋은 대학을 나왔다고 잘 가르치는 것은 아니다. 오히려 지방대학을 나온 선생님이 공부를 어려워하는 아이의 마음을 헤아려 아이를 더 성심성의껏 가르치는 예도 많이 봐왔다.

나 역시 공부가 어려웠기에 공부를 어려워하는 학생들이 더 안쓰러웠고, 그래서 떡볶이도 더 많이 사주고 그랬다.

하기야 학교 선생님이라고 해서 모두 자격이 있는 것은 아니지. 뚜껑이 확 열리게 하는, 주먹을 꽉 쥐게 하는 '담탱이'와 '학주'들을 그동안 우린 얼마나 많이 만나왔니? 그러나 그런 선생님도 4년 동안 교육학을 공부하고, 교육심리 수업을 듣고, 그 어렵다는 임용시험에도 합격하고, 학교에서 실습도 했다. 더구나 지금도 방학마다 연수까지 받고 있다. 그런데도 그 모양일진대 그런 과정 전혀 없이, 교육과는 아무런 상관이 없이 살아오다가 개인적인 형편으로 그냥 학원 강사가 된 선생님들은 말해 무엇하겠니?

2011년 8월에는 미국에서 1급 살인미수 혐의로 지명수배 중인 갱단 출신 재미교포들이 국내에서 학원을 운영하다 경찰에 검거되었다. 이들은 고등학교 졸업 학력을 가지고 자신들을 미국 명문대학인 UCLA 출신인 것처럼 홍보하고 직접 강의도 했다. 살인미수 지명수배자가 학원을 내고 강의를 하는 한국의 학원가, 우리 환경이 얼마나 척박한지 단적으로 보여주는 예 아닐까?

07

항생제도 소용없는
학원 슈퍼바이러스

샘의 딸이 어릴 때 중이염을 심하게 앓은 적이 있다. 깜짝 놀라서 육아책을 찾아봤더니 중이염은 제때에 치료하지 않으면 청력을 잃는다는 엄청난 소리가 쓰여 있더라. 그래서 허겁지겁 이비인후과를 찾아가 항생제 한 다발을 받아들고 왔다. 약을 먹은 딸아이는 중이염이 치료되었다. 잠깐 동안 말이지.

2주쯤 후에 아이는 중이염이 다시 도졌다. 또 약을 먹었다. 그리고 역시 잠깐 나은 듯싶었으나 다시 재발했고, 그 후 서너 차례이 과정을 더 반복했다. 샘은 지쳤지만 딱히 다른 방법이 없었다.

의사밖에는 믿을 사람이 없었고 어찌해야 하는지 정확하게 아는 사람도 없었다. 샘의 방황 속에서 아이는 계속 염증을 달고 살았다. 중이염이 후두염으로, 기관지염으로 번지더니 나중에는 콧속 부비강에 고름이 가득하다는 얘기까지 들었다. 이렇게 지쳐갈 때 아이에게 아토피가 찾아왔다. 갖가지 항생제 속에 아이를 빠트려놔서 아이의 면역력이 형편없이 망가지고 난 후였다.

벽에 머리를 쾅쾅 처박고 싶은 느낌이었다. 이렇게 계속 항생제에 의존하며 살아갈 수는 없었다. 아이는 밤마다 긁어댔고 그놈의 중이염도 재발했기 때문이다. 의학서적을 뒤지며 면역력을 높이는 방법을 찾아다녔다. 그리고 그때, 중이염은 그냥 놔두면 스스로 낫는 병이라는 것 그리고 중이염은 청력에 영향을 주지 않는다는 사실을 알게 되었다. 아, 이런….

나는 내게 허무맹랑한 의학적 조언을 해주었던 책을 쓴 의사와 출판사, 이제까지 항생제를 거침없이 처방해주었던 이비인후과 의사를 모두 경찰에 고발해버리고 싶었다. 그들은 내게 이런 사실을 절대 알려주지 않았다. 왜냐하면 그들은 책을 팔고 항생제를 팔아 돈을 버는 사람들이었기 때문이다.

그 후 1년 넘게 이런저런 고생스러운 경험을 하며 아이는 면역력을 되찾았고 건강해졌다. 그나마 해피엔딩이니 이제는 다 잊고 즐겁게 살려고 하는 중이지만, 엄마의 불안을 담보로 아이의 건강을 해치건 말건 돈만 벌겠다는 그들을 철창에 가둬버리고 싶다는 마음에는 변함이 없다. 그 후로 샘은 중이염이나 감기, 편도선 등 아이의 심각하지 않은 질병에는 절대 병원을 찾지 않는 엄마가 되었다. 항생제와 멀어진 아이는 점점 더 건강해지는 중이지.

항생제의 특징은 이렇다. 효과가 즉시 나타난다. 사람 몸속의 병균을 찾아내 즉시 사살하고 증상을 바로 완화해준다. 환자는 이틀 만에 다 나은 것처럼 보이기도 한다. 그러나 항생제는 사람 몸속의 좋은 균도 함께 죽인다. 나쁜 균과 좋은 균을 구분하는 방법을 모른다는 것이 어리석은 항생제의 치명적 맹점이다. 몸을 지켜주는 좋은 균까지 다 죽어버린 사람의 몸은 작고 사소한 균의 침입에도 여지없이 뚫리고 만다. 몸은 점점 허약해지고 면역력을 잃어간다. 항생제에 빠진 사람의 몸은 자기치유 능력을 완전히 상실한다.

너에게 학원은 항생제다. 효과가 바로 보인다. 네 성적 속의 병균을 찾아내 즉시 사살하고 증상을 바로 완화해준다. 내신이 쭉 올라간다. 엄마는 열광한다. 성적이 올랐으니 학원에 감사할 따름이다. 그러나 항생제의 효과는 시간이 지나면 바로 사라진다. 학원이라는 항생제는 너 스스로 공부하고자 하는 면역체계를 무참히 무너트린다. 항생제 속에서 허우적거렸던 너는 학원 선생이 끌어주고 밀어줘야만 겨우겨우 공부를 하다가, 본격적으로 자신과 싸워야 하는 입시와 만나게 되면 샘이 벽에 머리를 찧으며 괴로워

했던 것처럼 자신이 가야 할 길을 몰라 울며 방황하게 될 것이다.

항생제를 끊으면 증상이 일시적으로 심해진다. 이걸 명현 현상이라고 한다. 몸이 자기를 보호하려는 노력이지. 그런데 이 기간을 견디지 못하고 다시 병원으로 달려가 더 강한 항생제를 처방받는 일이 반복되면 나중에는 어떤 항생제에도 낫지 않는 슈퍼바이러스에 지고 만다.

학원을 그만두면 너의 성적은 일시적으로 떨어질 것이다. 그러나 이는 단지 명현 현상일 뿐이다. 이 기간을 불안해하지 말고 스스로를 격려하며 너 혼자 공부하는 방법을 찾아가야 한다. 그래야만 네가 학원이라는 긴 항생제의 터널을 빠져나올 수 있다.

지금 너 자신에 대해 가만히 생각해보자. 네 몸과 네 공부 습관이 학원이라는 항생제에 심하게 오염되어 있지는 않은지 말이다. 네가 지금 학원을 가는 것이 정말 공부에 필요해서인지 아니면 혹시 오랫동안 학원이라는 항생제에 중독되어서 그저 무기력하게 다니고 있는지 말이다. 그 오랫동안 방치되어온 '학원중독증'이 결국 부메랑이 되어 좋은 대학에 가지 못하게 네 뒷덜미를 칠 것이다.

두렵고 불안하더라도 나중에 입시라는 거인을 만나 원투 펀치 한 방에 쓰러지지 않으려면 지금 너 스스로 공부하는 힘을 키워야 한다. 그것만이 네가 승리하는 단 하나의 방법이다.

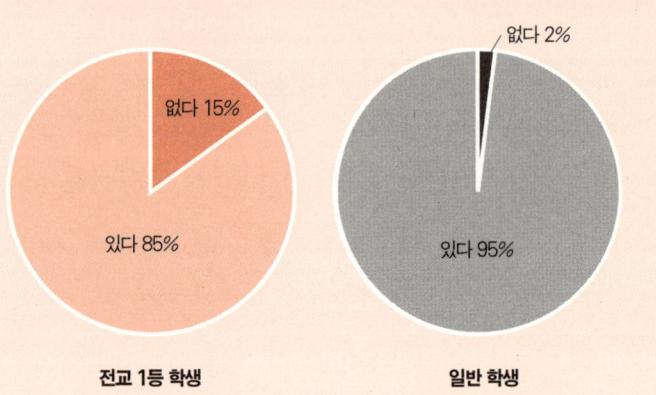

: 그림 1 : 학원을 다녀본 경험이 있나? [1]

없다 15%

있다 85%

전교 1등 학생

없다 2%

있다 95%

일반 학생

전교 1등 학생들도 학원에 가본 경험은 많다(학원에서 와달라고 부탁해서일 수도 있다). 그러나 학원을 다녀봤다고 말한 전교 1등 그룹의 학생들 중 '1년 이하로 다녔다. 잠깐 다니다 그만두었다'고 말한 경우가 80퍼센트를 넘었다. '학원이 공부에 도움을 주는가?'라는 물음에는 '별로 도움을 주지 못한다'는 대답이 30퍼센트, '그저 그렇다'가 47퍼센트였다.

---

1. 『중학교부터 시작하는 서울대 공부법: 실천편』, 베리타스알파, 행복한 미래, 2011.

08

학원을 알차게 이용하는 방법

요즘은 수학 문제가 지나치게 어렵다. 아이들이 수학을 못하는 가장 큰 이유가 이 때문이라는 걸 아는지 모르는지(우리나라 학생들의 수학에 대한 호감도는 OECD 국가 중 최하위다) 수학 문제는 점점 어려워져만 간다. 그래서 학년이 높아지면 아무리 노력해도 나 혼자서는 도저히 해결할 수 없는 경우가 생긴다. 그러니 답답한 마음에 학원 문을 두드릴 수밖에 없고, 그러면서 너와 학원의 질긴 인연이 시작된다.

모르는 문제가 생겼을 때 가장 좋은 방법은 학교 선생님께 여쭤

보는 것이다. 오늘 배운 내용을 이해하지 못했다거나 문제집에 모르는 문제가 있다면 가장 손쉬운 방법은 바로 선생님을 찾는 것이다. 선생님은 그런 걸 하라고 세금 걷어서 월급 드리는 거다. 네가 모르는 것이 생겼다면 학원 선생님부터 떠올리지 말고 학교 선생님께 여쭤봐야 한다. 네가 모르는 게 있다고 문제를 들고 갔는데 내치는 선생님은 없다. 오히려 공부를 열심히 하는 아이라고 선생님들께 눈도장을 확실하게 찍어 학교생활기록부에 '성실하게 노력하는 학생'이라는 좋은 평가를 받을 확률이 높아진다.

친구들이 '요즘 선생님은 모르는 거 있으면 학원 선생님한테 물어보라고 한다'라고 했다고? 그건 아이들이 생각 없이 퍼트린 이야기란다. 요즘 교사평가 때문에 선생님들이 얼마나 조심하는데 그런 배짱 좋은 말을 한단 말이니? 만일 정말로 그런 선생님이 있다면 아이들 교육에 아무런 도움이 안 되는 교사이므로 교사평가 때 최하위 점수를 주는 걸로 복수하자.

네가 모르는 문제가 있으면 학교 선생님한테 가면 된다. 그러나 네가 모르는 게 그 단원 전체라면 얘기가 좀 달라진다. 잡무로 바쁜 선생님을 붙잡고 몇 시간씩 나만 가르쳐달라고 할 수는 없기 때문이다. 이럴 때는 어쩔 수 없이 사교육과 만나야 한다. '그 단원을 다 이해할 때까지만'이라는 전제로 말이다.

학원을 가거나 과외 선생님을 만나기 전에는 반드시 '지금 어떤 부분이 안 되고 있는지'를 네가 먼저 알아야 한다. 어떤 부분을 보충해야 하는지도 모르고 덥석 학원부터 갔다가는 무엇을 배워야 하는지도 모른 채 멍하게 앉아 있기 십상이고, 학원을 그만두고 나서도 모르던 부분을 거기서 제대로 보충했는지조차 알 수 없다. 네가 '지금 안 되는 부분은 이차방정식과 함수구나. 그럼 이 부분은 다른 사람의 도움을 받아야지'라는 생각을 해야만 학원에서의 시간을 그냥 흘려보내지 않는다.

학원에 가서 얼마 동안 네가 모르는 부분을 잘 습득했다고 하자. 그럼 바로 학원을 그만두어라. 물론 그러면 학원의 원장·담임·상담 선생님의 3단 공격을 받게 될 것이다. "이제 겨우 기초를 잡아가는데 시작하자마자 그만두면 어떻게 하니? 수학을 너 혼자 감당할 수 있을 것 같아? 학원 도움 없이 혼자 방황하다가는 수학을 포기하게 된다. 우리 학원 시스템이 얼마나 좋은데…. 다시 한 번 생각해봐라." 회유와 협박을 번갈아 내놓으며 너를 설득하려 할 것이다. 그렇더라도 '안 들려, 안 들려. 나는 아무 소리도 안 들려~' 주문을 외우면서 스팸 전화를 받았을 때처럼 매몰차게 정리하자. "그동안 많은 도움을 받았습니다. 감사드립니다"라는 인사는 잊지 말고. 그들은 지금 너의 수학 성적을 걱정하고 있는 것이 아니다. 네가 내는 학원비가 끊기면 생길 손해를 걱정하는 것이다.

만약 그 학원이 너와 정말 잘 맞아서 이제까지 방치하다시피 한 네 성적의 기초를 잡아줄 수 있다는 판단이 들거든 계속 다닐 걸 고려해볼 수도 있다. 어떻게 하면 아이의 성적을 올려줄 수 있을까 열심히 고민하는 원장님도 없지는 않기 때문이다. 이럴 때 네가 절대로 하지 말아야 할 것은 학교 수업시간에 학원 숙제나 학원 수업 준비를 하는 것이다. '나는 학원 진도 따라가면 되니까'라고 생각하면서 학교 수업시간에 딴생각을 하며 보내는 것은 성적이 떨어지는 가장 빠르고 확실한 방법이다.

또 하나 조심할 것은 학원에 가는 것이 익숙해져서 너 스스로 '열심히 공부해야겠다'는 자극이 사라지는 것이다. 인간은 금세 적응하는 동물이라 처음에는 열심히 공부하려고 학원에 갔더라도 한두 달 지나다 보면 아무 생각 없이 그냥 다니게 된다. 이걸 '매너리즘'이라고 하는데 네가 가장 경계해야 할 부분이 바로 이 '학원 매너리즘'이다.

너는 '학원은 무조건 가야 하는 곳'에서 '학원은 모르는 것을 알려주는 곳, 모르는 것을 알게 되면 그만두는 곳'이라고 인식을 바꿔야 한다. 그래야만 학원에 가서 모르는 것을 배우려는 마음이 생긴다.

학원에 갈 수밖에 없다면 가자. 그리고 그 사정이 해결되면 다시 제자리로 돌아오자. 절대로 학원을 믿어서는 안 된다. 그저 학원을 '이용'해야 한다.

학원은 너의 욕망을 짓밟는다

학원에 가는 이유는 성적 때문이다. 학원에 가면 성적이 오르고 안 가면 떨어질 것 같다. 그런데 학원에 다니는 너는 왜 성적이 오르지 않는 걸까?

본래 교육이란, 교육받으려는 자의 열망이 있어야만 가능한 일이다. 즉 네 안에 '열심히 배워야겠다'라는 욕망이 먼저 생겨야만 가능해지는 것이 교육이란 말이다. 네가 지금 마음속에 '열심히 배워 보겠어!'라는 열망을 가지고 있지 않으면 30만 원짜리 학원에 가든 300만 원짜리 과외를 하든 그거 다 소용없는 짓이다. 왜냐? 머릿속에 '배워야겠다'는 생각이 없으면 무엇을 배우든 머리가 그 지식을 튕겨내기 때문이다.

그런데 학원이란 곳은 '열심히 배워보겠어'라는 네 욕망을 마구 짓밟는 곳이다. 열심히 배워보겠다는 욕망은 어디까지나 자발적인 성격의 것인데 학원의 커리큘럼은 전혀 자발적이지 않기 때문이지. 커리큘럼, 교재, 시간표, 배워야 할 것들과 배우는 방식까지 모두 학원이 정해주고 그대로 따라야 하는데 무슨 자발성이 생기겠니? 학원에 다니며 수동적이고 무기력하게 변한 인간은 교육이란 걸 받을 수 없다. 물론 학원 선생님이나 과외 선생님들이 너희를 윽박지르고 야단쳐서 지식을 머릿속에 억지로 집어넣을 수는 있겠지. 하지만 이런 지식들은 시험만 끝나면 기다렸다는 듯이 머리 밖으로 뛰쳐나간다. 너희 스스로 원해서 빨아들인 지식이 아니라서 그렇다.

자, 너희가 왜 공부를 하려는지 다시 잘 생각해보자. 너희는 더 나은 인간이 되길 원한다. 지금은 비록 교복 속에 갇혀 찌질하게 살고 있지만 언젠가는 이놈의 교복 집어 던지고 폼 나는 인생을 살기 위해 꾹 참고 공부하는 것이다. 그렇다면, 네가 원하는 것이 그런 거라면, 학습의 주도권을 학원이나 과외 선생님한테 넘겨줘서는 안 된다. 학원이나 과외 선생님은 네 인생에는 관심도 없고 애정도 없다. 그들은 네 인생이 어떻게 되든 아무 상관이 없는 사람들이다. 그 사람들이 네게 원하는 것은 너의 성적 향상이 아니라 너의 수강료다. 그런데 그런 사람들에게 네 인생의 합당한 처분을 맡기겠다고?

물론 어려운 것이 있고 묻고 싶은 것이 있다면 학원에 가서 배울 수도 있다. 학원은 그러라고 있는 곳이다. 그러나 모르는 것을 묻고 이해 안 되는 것을 배우는 것 이상으로 학원에 의존하고 있다면 그건 네 인생의 방향키를 학원에 넘겨준 꼴이다. 돈을 주지 않으면 네 인생에는 관심도 없는 사람들한테 말이다. 네 인생은 네 것이다. 네 욕망도 네 것이고, 네 의지도 네 것이다. 그래야만 한다. 제발 그것들을 네가 가져라. 네 미래의 방향키는 누구의 것도 아닌 네 것이기 때문이다. 누구도 그것을 너에게서 빼앗을 수 없다.

쉽게 내 것이 되는 공부는 없다

: 김자정(경남 지리산고 졸업. 서울대학교 의예과)

> **❝** 성적 향상은 다이어트와 같다.
> 어떤 공부든 공부는 독학이다. **❞**

또래들이 따뜻한 부모님의 보살핌 아래 공부하고 있을 중학교 2학년 때, 김자정 군은 어머니가 암에 걸리셨다는 청천벽력 같은 소식을 듣게 된다. 그 후 어머니의 병원비를 대느라 집은 기초생활보호 수급자가 될 만큼 어려워졌고 자정 군은 신문을 돌리는 등 이런저런 아르바이트와 공부를 병행하며 중학교를 마쳤다. 장학금을 준다는 이야기에 경남 산청의 지리산고등학교로 진학한 자정 군. 주변에 학원은커녕 제대로 된 상가조차 없는 산속 학교에서 학원에 한 번도 의지하지 않고 스스로 공부했다.

공부만 열심히 했던 것이 아니라 학교 회장으로 학생회 활동도 하고 밴드부 리더를 하기도 했으며 고2 겨울방학 때는 2주 동안 캄보디아로 봉사활동도 다녀오는 등 입시와는 상관없어 보이는 일들도 열심히 했다. 그러면서도 늘 전교 상위권을 놓치지 않았다. 물론 깊은 슬럼프도 있었다. 믿고 의지하던 어머니가 고2 때 암으로 세상을 떠나신 것이다.

: 가정 형편 때문에 많이 힘들었겠다

어머니가 돌아가신 고2 때 슬럼프가 심했다. 성적이 3~4등급까지 떨어졌다. 아무것도 하기 싫고 집중도 전혀 안 됐다. 슬럼프 기간에는 인생이 무의미하게 느껴지고 머릿속이 복잡하니까 그럴 수밖에 없다. 그때 책을 많이 읽었다. 슬럼프는 책 읽기 좋은 시간이다. 책을 읽으면서 깨달음도 많이 얻고(자정 군은 서울대 권장도서 100선을 읽었다고 했다) 일기도 열심히 썼다. 미래에 하고 싶은 일을 적는 비전맵도 자세히 만들었다. 그중 가장 중요한 것은 나 자신을 믿었다는 사실이다. 잘해낼 것이고, 잘 극복할 것이라고 나한테 항상 이야기했다. 나에 대한 믿음이 결국 그 시기를 극복할 힘을 줬다. 자신에 대한 믿음이 부족해서는 절대로 슬럼프를 헤쳐나올 수 없다.

: 성적 때문에 좌절감을 느낀 적은 없었나?

모의고사 점수가 안 나올 때 정말 무기력하게 느껴졌다. 그런데 이 시점이 굉장히 중요하다. 공부를 열심히 한다고 성적이 계속 오르는 게 아니다. 성적은 계단식으로 오른다. 이건 다이어트와 같다. 다이어트를 할 때도 처음에는 살이 잘 빠지지만 어느 시점이 오면 몸무게에 변화가 없다. 그런데 이 시기에 실망하면서 노력을 그만두면 실패하는 반면, 좌절하지 않고 계속 노력하면 자기도 모르는 순간에 성공에 이르렀음을 인정하게 된다. 모의고사 점수가 잘 안 나오더라도 좌절하지 말고 계속 노력해야 한다. 그러다 보면 다른 친구들과 차이가 벌어지기 시작하고, 그 시기를 지나면서 성적이 확 오른다.

: 언제부터 전공을 결정했나?

어릴 때부터 의대를 가고 싶었는데 어머니 때문에 더 절실해졌다. 중간에 흔들릴 때마다 '꼭 의대를 가야겠다'는 목표가 나를 잡아줬다. 간절한 목표가 있으니까 견디기가 쉬웠다. 친구들을 보면 그저 막연하게 '대학을 갈 것이다'라고 생각하는 아이들이 있는데, 확실한 간절함이 없는 것이 좀 안타까웠다. 목표를 얼마나 간절하게 꿈꾸느냐가 힘든 시간을 견디는 원동력이 된다. 목표가 없는 친구들한테는 비전맵을 권한다. 비전맵이란 20대에는 어떤 일을 할지, 30대, 40대, 50대에는 어떤 일을 할지 자세하게 적는 것이다. 목표를 정하고 할 일을 적는 것이 아니라, 하고 싶은 것을 먼저 자세하게 적다 보면 어떻게 살아야 할지 결정되기도 한다. 틈날 때마다 비전맵을 작성한다면 어떤 과를 갈지, 어떤 일을 하며 살지 같은 문제에 자연스레 답을 얻게 된다.

: 밴드부 활동을 하면서 학생회장도 하고, 고3 올라가는 겨울방학 때는 2주 동안 해외로 봉사활동까지 갔다. 이런 시간이 너무 아깝다고 생각되지는 않았나?

기회비용이 중요하다고 생각한다. 물론 부담은 있었지만 '하고 싶은 것을 안 하고 공부만 한다면 그만큼의 효과가 있을까?' '다른 일을 하고도 그것을 만회할 만큼 열심히 공부할 수 있을까?'를 따져봤을 때 내 결정에 자신이 있었다. 하고 싶은 것을 참아가면서 못한 것을 후회하며 보내느니 차라리 하고 싶은 것을 열심히 하고 나서 나머지 시간에 더 힘을 내어 공부하는 것이 의미 있다고 생각한다. 그리고 이런 다양한 경험이 내 미래를 결정하는 데 많은 도움을 주었다. 주변을 보면 공부 잘하는 아이들이 학교 안팎으로 다양한 활동을 더 많이 한다. 시간이 없다고 아무 것도 안 하는 것은 핑계다. 후배들한테도 더 많은 경험을 다양하게 하라고 권해주고 싶다.

: 학원에 안 다니고 어떻게 그렇게 높은 성적을 유지할 수 있었나?

어려운 문제도 계속 방법을 찾아보면 언젠가는 풀 수 있다. 그런데 이게 어렵다고 학원에 가면, 쉽게 푸는 방법을 배울 수는 있지만 쉽게 배웠다는 바로 그 이유 때문에 시간이 조금만 지나도 쉽게 잊어버린다. 학원은 족집게 수업을 하기 때문에 70~80점까지는 점수를 올릴 수 있어도 그 이상의 응용문제는 풀기가 어렵다. 그런데 수능에는 완전히 이해하지 못하면 풀지 못하는 문제가 많다. 이 완전한 이해라는 건 스스로 고심하지 않으면 절대 도달하지 못한다. 학원 강사는 이런 완전한 이해를 주지 못한다. 수능에 성공하려면 반드시 혼자 공부해야 한다. 나는 어떤 과목이든 여러 참고서를 살펴보고 나서 나만의 참고서를 만들었다. 수학을 예로 들면 스스로 공식을 세우고 '자정공식'이라는 이름도 붙였다(웃음). 그 노력의 시간이 수능에서 빛을 발했다. 쉽게 공부하려고 하지 마라. 쉽게 내 것이 되는 공부는 없다.

: 공부하는 데 가장 중요한 것은 무엇이라고 생각하나?

공부를 못하는 친구들도 어떻게 하면 성적이 오르는지는 모두 알고 있다. 공부를 잘하는 것과 못하는 것의 차이는, 알고 있는 것을 행동으로 옮기느냐 아니냐의 차이다. 수업시간에 집중하는 것, 계획을 실천하는 것과 같은 기본적인 성적 향상의 비결을 일단 성실히 실행해야 한다. 이런 것들을 말로만 해서는 절대 성적이 오르지 않는다. 실행에 옮기려 할 때 가장 문제가 되는 것은 '이런 것을 한다고 정말 성적이 오를까?' 하고 의심하는 것이다. 의심을 품으면 자신의 행동을 확신하지 못하게 되고, 확신하지 못해서는 그 행동을 계속해나갈 수가 없다. 그러니 자신의 노력이 반드시 성적을 올려줄 것이라고 굳게 믿어야 한다. 자기 자신을 믿어라. 그리고 성실하게 그것을 지켜나간다면 누구나 성적이 오를 것이다. 나는 IQ를 믿지 않는다. 노력을 믿는다. 내가 했으니까 다른 사람들도 해낼 수 있다.

수능 1교시 언어 영역

언어는, 시험 보기 전에는 다 알고 있다고 생각했는데 막상 시험을 보면 헷갈리는 문제가 많이 나오는 대표적인 과목이다. 암기과목은 외울 것이 확실하게 정해져 있고, 수학은 공식을 적용하면 되는데 언어는 무엇을 공부해야 하는지 확실하지 않기 때문이다. 그래서 공부해도 점수가 잘 오르지 않아 대부분이 힘들어한다.

언어 과목을 공부할 때의 핵심은 지문을 완벽하게 이해하는 것이다. 문제에서 원하는 답이 사실 지문 속에 숨어 있기 때문이다. 특히 비문학은 지문을 빠르고 정확하게 분석하는 능력을 키우는 것이 가장 중요하다. 다양한 지문을 접하면서 단락별로 요점이 무엇인가를 빨리 알아내는 훈련을 반복해야 한다.

그다음으로 중요한 것은 출제자의 의도를 파악하는 것이다. 김영택 시인이 수능에 출제된 자신의 시에 관한 문제를 풀었는데 세 문제 중 한 문제밖에 못 맞췄다고 한다. 시를 쓴 시인이 직접 문제를 풀었는데도 왜 이런 결과가 나왔을까? 출제자의 관점과 작가의 관점이 다르기 때문이다. 나의 관점이나 작가의 관점에서 문제를 보는 게 아니라 출제자가 어떤 의도로 이 문제를 냈는지를 생각하는 게 언어 영역을 정복하는 관건이라는 말이다.

수능에서 원하는 관점이 분명히 있다. 그 관점이 무엇인지를 파악하고 자신의 관점을 거기에 맞춰야만 한다. 이런 훈련은 하루아침에 되지 않는다. 여러 문학자습서를 참고해 자기만의 문학노트를 만들어 정리하면서 꾸준히 실력을 키워가야 한다. 그래야만 어떤 지문이 나왔을 때 주제나 특징을 바로바로 파악하고 문제를 풀 수 있다.

또한 이런 훈련이 계속되면 새로운 유형의 문제가 나와도 자연스럽게 수능의 의도를 파악하게 된다.

대부분의 학생은 '언어 기출문제를 많이 풀어보고 시험을 치는데도 점수가 나오지 않는다'고 말한다. 지문과 출제자의 의도를 파악하는 능력은 많이 풀어본다고 생기는 것이 아니라 풀었던 문제를 꼼꼼하고 완벽하게 분석해야 생기는 것이다. 문제를 그냥 풀지 말고 수능의 관점에서 분석하라.

공부를 하는 데 가장 중요한 것은 동기부여다. 공부를 잘하려면 먼저 확실한 목표를 정해야 한다.

- 김민수 (서울대 정치외교학과)

2부

대학이 너에게 진짜로 원하는 것

01

열정이 넘치는가

대학은, 공부는 잘하지만 자아존중감이 낮거나 사회성이 없는 아이를 원하지 않는다. 이런 아이는 나중에 성공하는 사회인이 되지 못한다는 것을 잘 알기 때문이다. 대학은 수시와 입학사정관 전형을 통해서 논술을 보고 심층 면접을 하고 자기소개서를 꼼꼼하게 살피면서 네가 어떤 아이인지를 검증하려 할 것이다. 너는 성적 이외의 많은 것을 학교에 입증해 보여야 한다.

 엄마는 공부만 잘하면 모든 것이 용서된다고 말씀하셨겠지. 하지만 그런 시기는 엄마가 학교 다니던 때로 끝났다. 공부는 잘하지만 사회에서 일어나는 일에 관심과 이해가 부족하며 자기 생각을 논리적으로 표현하지 못하는 아이는 대학교 문앞에서 고꾸라진다. 지금의 대학은 이런 아이를 원하지 않기 때문이다.

그렇다면 대학은 어떤 아이를 원할까? 대학은 자신의 목표가 뚜렷하고 목표한 것을 이루기 위해 치열하게 노력하는 학생을 원한다. 생각해보자. 원래는 의대를 가고 싶었는데 성적이 안 돼서 그냥 경영학과에 오게 된 학생과 자기 사업을 하겠다는 원대한 꿈을 품고 경영을 배우길 간절히 원해 경영학과에 온 학생이 있다고 하자. 그중 누가 더 학교생활을 열심히 하고 누가 더 졸업 후에 학교를 빛내는 사람이 될지 눈에 보이지 않니? 학교는 자기소개서와 논술과 입학사정관 전형과 심층 면접을 통해 누가 전자이고 누가 후자인지를 철저하게 검증하려고 들 것이다. 그러니 네가 너의 꿈과 목표와 전공을 정하고 이를 간절히 이루고자 할수록 너는 대학과 더 가까워진다.

간혹 좋은 대학을 가기 위해 이런저런 자격증을 따고 온갖 올림피아드를 전전하는 학생들을 만나곤 한다. 하지만 대학이 원하는 것은 스펙이 아니다. 이런 스펙 쌓기는 대부분 극성스러운 엄마의 주도하에 이루어진다는 것을 알기 때문이지. 봉사활동을 하고 어학연수를 가는 것 역시 마찬가지다. 네가 네 열정을 불살라 간절한 마음으로 하지 않은 모든 활동은 대학 입학에 별 도움을 주지 못하는 그저 그런 이력일 뿐이다. 이런 시시한 이력들에 매력을 느낄 학교는 없다. 학교가 원하는 것은 네가 절실히 원해서 이루어진 것들, 네 열정이 넘쳐나는 경험들, 다시 말해 너의 불타는 열정, 너의 간절함이다.

남들이 좋다니까 그냥 결정한 미래와 엄마가 강력히 주장하니까 대충 선택한 직업과 남들 보기에 폼이 나서 정한 학과로는 너의 꿈을 이룰 수 없다. 네가 입시와 인생에 성공하는 비결은 단 한 가지, 네가 간절히 원하는 것을 할 때이다. 왜냐하면 인간은 간절히 원하는 것을 할 때에만 자신의 잠재력을 최대한 활용하기 때문이지.

지금 하고 싶은 것이 있다면 그것과 관련된 일을 계획해라. 역사학과에 가고 싶다면 역사책을 본 후 그 감상문을 에듀팟(edupot. go.kr)에 올리고, 역사캠프에 참여하고, 역사학과 교수가 진행하는 특강을 찾아서 들어라. 또 역사와 관련된 직업은 어떤 것이 있는지 적극 찾아보면서, 하는 일이 무엇인지 장단점은 어떤 것이 있는지 조사해라. 역사에 관련된 일을 하고 싶다는 너의 열정을 자기소개서에 알리고 역사와 관련해서 했던 활동들로 포트폴리오를 채워라. 역사를 배우고 싶다는 열정과 역사에 대한 애정으로 이글이글 불타는 눈을 교수님들에게 보여라. 내신과 수능성적이 좀 부족하다 해도 대학은 너를 뽑는다. 이런 학생이야말로 역량을 한껏 발휘해 대학의 가치를 높여줄 주인공이라는 것을 알기 때문이다.

경영공부를 하고 싶든, 의대를 가고 싶든, 미술을 전공하든, 선생님이 되고 싶든, 어떤 것을 공부하고 싶든지 간에 그 학과에 가고자 하는 네 열정을 그 학과와 관련된 일을 하면서 키워나가라. 누가 알아주기를 바라면서 얄팍하게 대충 하지 말고 네 간절함을 쏟아 부어라. 대학이 반드시 네 열정을 알아본다.

지금 네가 간절히 원하는 것이 무엇인지 잘 모르겠다면 지금부터 열심히 생각하자. 이때 다른 사람의 의견이나 엄마의 바람과 기대 같은 것은 과감하게 잘라내라. 네가 원하는 것을 찾기 위해서는 네 마음속으로 더 들어가야 한다. 정말 원하는 것이 무엇인지, 네가 어떤 것을 하며 평생을 보내면 행복할지를 너에게 더 치열하게 물어야 한다. 그 답을 알려줄 사람은 너 자신밖에 없다. 생각하고 또 생각하면서 네 마음의 소리에 귀를 기울여라. 결국은 마음이 이끄는 그곳에 해답이 숨어 있다. 간절히 원하는 그것을 찾았다면, 너는 지금 입시는 물론이거니와 인생에서 성공하기 위한 출발점에 선 것이다.

"스펙은 정말로 참고자료에 불과하다. 이번 입시 때도 많은 학생이 자신의 포트폴리오랍시고 화려한 스펙들을 죽 나열한 자료들을 보내왔다. 하지만 우리는 이런 자료들을 보지 않는다. 볼 시간도 없고 볼 필요도 없기 때문이다. 비싼 돈을 들여 해외에서 봉사활동을 했다거나 사교육 기관 등에서 주최하는 대회의 입상 성적 등은 전혀 필요가 없는 스펙들이다. 화려한 스펙은 지엽적인 부분 중 하나다. 자기소개서 각각의 문항에서 요구하는 바에 따라 솔직하게 자신을 드러내는 것이 제일 좋다. 자신의 이력이나 경력이 보잘것없더라도 자신이 열정을 가지고 열심히 했다면 그것을 어필하면 된다. 지원하는 학과와 관련이 없는 스펙을 마구잡이로 나열하는 것도 사절이다. 호소력 있는 경력들을 일관되게 나열하는 것이 아니면 화려하고 거창한 스펙 따위는 잊어라." [2]

2. 『입학사정관제 족집게 특강』, 이현택 외, 상상공간, 2011.

02

스토리가 있는가

〈슈퍼스타K〉의 우승자였던 허각을 생각해보자. 그는 결손가정이라는 어려운 환경에서 환풍기 수리공을 하면서도 노래를 하고 싶다는 꿈을 포기하지 않았다. 그래서 2위를 한 존박보다 키도 작고 비주얼도 부족하지만 월등한 차이로 우승을 차지한 것이다. 〈코리아 갓 탤런트〉에서 〈넬라 판타지아〉를 불러 심사위원을 모조리 울린 최성봉은 어떤가? 사실 그 정도의 실력으로 〈넬라 판타지아〉를 부를 수 있는 성악가는 우리나라에 수백 명은 될 것이다. 하지만 최성봉은 세 살 때 고아원에 맡겨지고 다섯 살 때부터 길거리에서 껌을 팔면서도 노래를 포기하지 않았다는 사실이 전 국민에게 감동을 주었다. 제대로 된 교육을 받고 좋은 음대를 졸업해서 그런 노래를 불렀다면 아마 그는 주목받지 못했을 것이다.

입학사정관이 원하는 게 이런 것이다. '이 아이가 어려운 역경을 겪더라도 포기하지 않고 열정을 가지고 매진해온 것이 무엇인가? 이 아이에게 어떤 스토리가 있는가? 그 스토리에서 어떤 열정과 땀이 느껴지는가?'에 주목한다. 물론 이런 스토리를 위해서 멀쩡한 집 놔두고 지하철 계단에서 자면서 껌을 팔 수는 없으며, 나를 위해 엄마 아빠께 이혼하라고 할 수도 없다. 물론 이런 스토리가 있다면 같은 실력으로라도 대학에 합격할 확률은 훨씬 높아지겠지만(같은 실력이라면 어려운 환경에 있는 사람이 더 노력한 것이 사실이니까), 환경이 평범하다고 해서 걱정할 필요는 없다. 어떤 부분에서든 어려움을 이겨낸 적이 있다면 말이다.

네가 학교에 내야 할 자기소개서에는 '역경 극복 사례'를 반드시 적어야 한다. 네가 네 앞에 닥친 어려움을 어떻게 해결했는지를 학교는 알고 싶어하기 때문이다. 사람이 어려운 일을 당했을 때 그 일을 극복하는 데 가장 필요한 것은 무엇일까? 그 사람의 IQ일까? 사실 IQ는 우리가 알고 있는 것보다 훨씬 영향력이 미미하다. 그럼, 그 사람의 상황일까? 상황이 좋다면 문제를 해결할 때 도움을 받기는 할 것이다. 하지만 그 사람의 IQ나 상황이 아무리 중요하다 해도 그 사람이 가진 '태도'를 따라오지는 못한다. 어려운 상황과 지옥 같은 현실을 바꾸는 것은 로또 1등 당첨이 아니라 네가 가진 긍정적인 에너지, 즉 역경 극복 능력이기 때문이다.

친구들에게 왕따를 당하고 학교를 포기하고 싶었지만 네가 가진 긍정의 에너지로 그 어려움을 극복하고 학교에 다시 잘 적응했다고 하자. 그렇다면 너는 앞으로 어떤 어려운 일이 생겨도 훨씬 슬기롭게 난관을 헤쳐나갈 것이다. 힘든 가정 형편 때문에 삶을 포기하고 싶었지만 그 위기를 슬기롭게 극복하고 다시 공부를 시작했다면 너는 삶에 대한 통찰력을 가지게 된 것이다. 대학은 이처럼 너의 삶에 대한 태도를 알고 싶어하는 것이다. 그래서 입학사정관이나 교수들은 면접 때 이걸 가장 관심 있게 물어본다. "살면서 가장 어려웠던 때는 언제인가? 어떻게 그 어려움을 이겨냈나?"

지금 어려운 일을 겪고 있다고? 견디기 힘든 괴로움 속에서 몸부림치고 있다고? 그렇다면 너는 '역경 극복 사례'에 첨가할 훌륭한 이야기를 만들고 있다. 끝도 없는 어려움이라고 생각될수록 더욱 좋다. 친구와의 갈등이든 선생님과의 불화든 부모님이 주는 압박이든 성적이 오르지 않는 절망감이든, 어떤 것이든 너는 이 일을 자세히 기록하고 생생히 기억해서 '나만의 역경 극복 사례'로 만들어야 한다. 대학이 원하는 것은 네가 이러한 어려움을 '어떻게 이겨냈는가' 하는 것이니까.

이 어려움은 언젠가는 지나갈 것이다. 끝나지 않는 괴로움이란 건 세상에 없다. 지금은 비록 절대로 끝나지 않을 것 같은 기분이 든다고 하더라도 시간이 지나면 언젠가 반드시 지나간다. 하지만 그 괴로움에서 어떻게 벗어났는가 하는 것은 네 인생을 아주 다르게 만들 것이다. 그저 상황에 떠밀려 다니며 시간이 모든 것을 해결해주기를 기다리기만 했는지, 아니면 괴로움에서 벗어나기 위해 최선을 다했는지에 따라 네 인생의 많은 부분이 달라진다. 너의 적극성과 해결을 위한 노력, 그리고 네 인생을 네가 주도하려는 태도, 문제를 바라보는 긍정적 에너지가 너의 대학과 미래를 결정하는 중요한 열쇠다.

03

논리력을 갖췄는가

너희는 수업시간에 "입 다물고 조용히 해!"라는 이야기를 하루에도 수십 번씩 들으며 학교생활을 한다. 선생님들은 아이들이 떠드는 것을 제일 싫어하신다. 수업시간에 진도 나가야 하는데 호기심 많은 아이가 괜한 질문을 해서 그 질문에 답해주다 보면 수업 분위기가 엉망이 되기 때문이다. 선생님은 너희 모두가 입 꽉 다물고 사고 안 치고 조용히 지내다가 조용히 집에 가기를 바라신다. 자유롭게 의견을 얘기하며 논리력을 키우는 것은 학교에서는 얼토당토않은 일이다.

이렇게 입 꾹 다물고 12년 공교육 기간을 거친 너희가 어떻게 자기 이야기를 논리적으로 할 수 있겠니? 그러니 입학사정관을 앞에 두고 질문에 답해야 하는 심층 면접은 너희에게 공포의 도가니 그 자체겠지. 어디 면접뿐이냐? 대부분의 특목고는 입학시험에서 발표, 설득, 토론을 통해 학생이 얼마나 논리적으로 자신의 의견을 나타내는지를 평가한다. 이미 알고 있겠지만 대입에서 면접·구술 점수, 특목고에서 발표와 토론은 합격 여부에 막대한 영향을 미친다. 네가 논리력을 갖춰야 하는 절대적인 이유다.

사실 너희로선, 어릴 때부터 논리력을 말살해놓고 대입에서 이런 어려운 능력을 테스트한다는 게 몹시 억울한 일이긴 할 것이다. 가르쳐준 적도 없는 것을 시험 보는 셈이니 말이다. 하지만 가르쳐준 적이 없다고 나 몰라라 했다가는 대학에 떨어질 뿐만 아니라 입사시험에서도 떨어지고 심지어 프러포즈에서도 거절당할 확률이 높아진다. '나랑 결혼하면 지금보다 더 나은 삶을 너에게 주겠다'라는 것을 상대방에게 논리적으로 설득해야 프러포즈가 성공할 것 아니니?

그렇다면 논리력을 키우기 위해서는 어떻게 해야 할까? 논리력을 키워준다는 학원에 다녀야 할까? 절대 그렇지 않다. 역설적이게도 너 혼자 보내는 시간을 더 확보해야만 한다. 늘 친구들과 떠들거나 그나마 잠깐이라도 혼자 있는 시간에는 이어폰을 꽂고 음악을 듣거나 스마트폰을 만지작거리는 게 요즘 학생들의 모습이지만, 그래서는 절대 사색이 되지 않아. 이런 사람은 불필요한 정보들에 파묻혀 자신의 생각을 정리할 시간이 없으므로 사고의 발전이 없다. 그래서 공자님도 "사색하지 않는 배움은 쓸모가 없다"라고 말씀하셨지.

놀토 때 집에서 〈무한도전〉 스페셜을 보는 것으로 하루를 시작하지 말고 가까운 공원까지 혼자 산책을 하자. 혼자 보내는 고요한 시간에 오늘을 되돌아보고 내일의 계획을 세우자. 나에 대해 더 생각하고 나의 미래에 대해 차분하게 고민하자. 그 귀한 혼자의 시간에 세상을 바라보는 시각을 키워야 한다.

'다른 학교에서는 없어졌다는데 왜 우리 학교는 여전히 체벌을 하는 거지? 체벌이 과연 효과가 있을까? 만약 체벌을 없앤다면 어떤 일이 일어날까? 체벌을 계속 유지한다 하더라도 어떤 기준이 필요하지 않을까? 그럼 그 기준을 어떻게 정해야 할까? 이건 선생님끼리 정해야 하나? 학생들에게 의견을 물어 다수결로 정해야 할까?

이런 깊고 진지하고 논리적인 사고는 친구들 속에 묻혀 있을 때는 절대 할 수 없는 고도의 정신작용이다. 이런 사고의 훈련을 반복하는 발효의 시간이 지나야 논술과 면접에서도 논리적이며 현명한 답안에 접근할 수 있다. 혼자 조용히 앉아 신문을 읽고 사회

이슈에 대해, 전쟁에 대해, 불평등과 차별에 대해 고민하자. 혼자 있는 시간을 즐겁게 받아들이고 나에게만 허락된 고독을 즐기자. 고독이 주는 깊은 사고력과 논리력을 가진 사람만이 삶의 발전과 대학 합격을 보장받을 수 있다.

04

창의적인가

논술시험을 볼 때, 구술시험을 볼 때, 면접을 볼 때, 자기소개서를 낼 때 사정관들은 네가 다른 사람과 어떤 다른 점이 있는지를 유심히 본다. 다른 사람들과 똑같은 일반적이고 식상한 결론밖에 내지 못하는 사람은 발전 가능성이 없을 뿐만 아니라 재미도 없기 때문이다.

다른 사람과 차별점이 있는 인간이 되기 위해, 발전하기 위해, 좋은 대학에 가기 위해, 성공하기 위해 너는 누구보다 창의적이되어야 한다. 먼저 자신이 창의적인 인간인지를 점검해보자.

창의성의 요소[3]

1. 독창성 : 참신하고 새로운 것을 생각해낼 줄 아는 능력

2. 유연성 : 변화에 적응하는 능력, 하나의 아이디어를 여러 가지로 변형시키는 능력

3. 유창성 : 정해진 시간 안에 많은 아이디어를 다양하게 만들어 내는 능력

4. 개방성 : 사물에 대한 호기심과 탐색동기, 비합리적인 것도 수용할 수 있는 능력

5. 자신감 : 내 아이디어와 내가 만들어낸 결론에 대한 자신감

이상의 다섯 가지를 가지고 있다면 창의적이라고 할 수 있다. 이 것들이 준비되어 있지 않다면 너는 대학 입학에 옐로카드를 받은 것이다.

그렇다면 창의적인 사람이 되기 위해 지금 어떤 일을 해야 할까? 사람은 일상을 벗어나 새로운 경험을 할 때 통찰력이 생기고, 이 새로운 통찰이 창의력을 키워준다. 그러므로 창의적인 사람이 되기 위해 너는 지금과는 다른 새로운 경험을 많이 해야 한다.

안다. 물론 너는 시간이 없을 것이다. 학교와 학원을 다람쥐 쳇

---

3. 『자기주도력을 높이는 아동코칭기술』, 이정화, 한솔미디어, 2011.

바퀴 돌듯 오가며 살고 있을지도 모른다. 하지만 다람쥐처럼 살아서는 다람쥐보다 더 나은 생각을 할 수 없지 않겠니? 다람쥐가 아니라 인간으로 살기 위해서는 인간다운 다양한 경험을 해야 한다.

시험이 끝나는 날이나 수업이 없는 토요일이면 친구들과 어울려 시내를 쏘다니고 노래방을 가는 걸로 하루를 끝내지 말고 흥미진진한 경험을 해보는 건 어떨까? 가까운 유적지나 평소에 꼭 가고 싶었던 곳을 방문해보기, 박물관이나 미술관에 들러 이해할 수 없는 작품을 감상하며 이해하는 척하기, 고궁에 가서 옛 임금이나 왕후가 된 기분으로 차 한 잔 마시기, 서대문 형무소 가서 독립 운동가들의 고통을 느껴보기, 도시락 싸서 산에 오르기, 재래시장 돌아다니며 시장 아줌마와 친해지기, 소방서에 찾아가서 소방관 아저씨들 인터뷰하기, 용돈 모아서 1박 2일 여행 가기, 다양한 캠프에 참가하기, 교내의 여러 활동에 참여하기 등 학생 신분으로도 할 수 있는 일은 무궁무진하다. 학교에서 할 수 있는 다양한 동아리 활동에 참여하는 것도 좋다.

학생이라서 어쩔 수 없다는 것은 핑계다. 친구와 수다 떨 시간, 컴퓨터 앞에 앉아 있을 시간을 아껴서 네 영혼이 살찌는 다양한 경험을 할 것! 창의적인 생각과 논리적인 사고는 각계각층의 사람을 만나 네가 몰랐던 세상을 탐험하고 다양한 경험을 할 때 가장 크게 발전한다. 작가나 예술가들이 먼 곳으로 여행을 가는 것도 다 창의력을 높이기 위해서, 즉 영감을 얻기 위해서다.

　네가 재미없는 생활을 반복하면서 기성세대나 하는 뻔한 결론만 만들어낸다면, 그래서 창의적인 사고력을 가지지 못한다면, 좋은 대학을 못 가는 것뿐만 아니라 행복하게 살 수도 없다. 인생이 뻔한데 무슨 삶의 재미가 있겠니? 흥미진진하고 가슴을 떨리게 하고 예측할 수 없는 다양한 경험을 해라. 그 경험이 너를 대학 문으로 이끌어줄 것이다.

05

그래서 논술이 중요하다

네 성적이 전국 상위 1퍼센트 안에 있다면 굳이 논술을 신경 쓸 필요 없이 하던 공부 열심히 하면 된다. 하지만 그게 아니라면 논술을 준비해야 한다. 당장 2013 입시를 보자. 전체 대학의 63퍼센트 이상이 수시를 통해 학생을 선발할 계획이고, 서울대는 전체 정원의 80퍼센트를 수시모집으로 선발한다고 발표했다. 수시전형 비율은 대부분 학교에서 빠르게 늘어나고 있다. 그런데 수시전형 중 논술전형 모집 비율이 20퍼센트가 넘는다. 이제까지 논술전형은 대부분 논술과 학생부 성적을 50:50 비율로 놨었다. 하지만 2012

년 입시부터 60:40, 70:30 비율로 뽑는 예가 늘었다. 고려대 · 성균관대 · 서강대 · 한양대처럼 논술 성적 100퍼센트로 학생을 뽑는 대학도 늘어나고 있다. 물론 '나는 논술전형에 지원하지 않을 것'이라고 각오할 수도 있겠으나 논술전형이 아닌 학과들도 구술시험이나 토론평가, 면접을 통해 너의 논리적 능력을 테스트할 것이다.

대학은 왜 논술로 학생을 선발할까? 그것은 글이 가진 속성 때문이다. 글을 보면 어떤 생각을 하는 사람인지 알 수 있다. 덤벙대는 사람인지, 분석적인 사람인지, 삶에 고민이 많은 사람인지도 금방 알 수 있고 환경에 관심이 많은지, 재테크에 관심이 많은지도 알 수 있다. 글에는 이런 사실들이 은연중에 드러나기 때문이다. 번지르르한 말로 다른 사람을 속이긴 쉽지만 글로 그렇게 하기는 어렵다. 그러니 대학은 네가 어떤 사람인지 알아보기 위해 논술을 보는 것이다.

또한 '스스로 읽고 분석할 줄 아는 능력을 갖춘 학생'을 뽑기 위해서도 논술을 본다. 주어진 제시문을 정확하게 이해하고 문제를 해결할 수 있어야만 대학에 들어와서도 어려운 전공공부를 계속할 수 있기 때문이지.

입시에서 버릴 수 없는 논술, 어떻게 해결해야 할까? 우선 논술 문항을 살펴보자.

〈요약형〉

- 제시문 (가), (나) 그리고 (다)의 내용을 각각 요약하시오.(고려대, 2010)

- 이 글의 핵심적인 주제를 100자 이내의 분량으로 간략하게 쓰시오.(중앙대, 2009)

- 위의 세 제시문이 공통적으로 주장하는 바를 200자 이내로 요약하시오.(서울대, 2011)

〈의미 설명형〉

- 위의 [제시문 1]과 [제시문 2]의 입장 중 하나를 선택하여 이 자료를 해석하시오.(성균관대, 2009)

- (나)의 밑줄 친 ㉠과 ㉡이 뜻하는 바를 정확하게 기술하시오.(이화여대, 2010)

- 제시문 A의 내용을 하나의 문장으로 요약하고 이를 토대로 D의 자료들을 비교 분석하시오.(건국대, 2008)

각 대학 논술 문제를 살펴보면 공통적으로 요구하는 것이 주제문을 요약하고 분석하라는 것임을 알 수 있다. 그러니까 각 문항의 요점정리를 제대로 했는지, 즉 지문을 제대로 이해했는지 묻는 것이다. 빠르고 정확한 지문 요약 능력을 갖추고 있다는 것은 그

동안 많은 책을 읽고 통찰력을 쌓았다는 말이다. 이러한 능력을 보기 위해 학교마다 반복해서 이러한 유형의 문제를 내는 것이다.

이러한 문제를 풀기 위해서는 먼저 지문의 개념을 정리하고 빠르게 파악해야만 한다. 하지만 개념 파악만 되어 있다고 해서 좋은 점수를 얻을 수는 없다. 문제 속에 숨은 의도를 제대로 알아야 한다. '이 문제는 선생님이 뭘 물어보고 싶어서 출제하신 거지? 정말 물어보는 것은 무엇일까?'라고 곰곰이 생각할 줄 알아야 한다. 논술 문제나 서술형 문제를 풀 때 순진한 마음으로 '내가 알고 있는 것을 쓰면 된다'라고 생각하면 안 된다. 이건 초등학생들이나 할법한 접근법이다. 알고 있는 것을 쓰는 게 아니라 '문제 출제자가 원하는 답'을 써야 한다. 그 원하는 답에 얼마나 접근했는지가 논술 점수를 가른다.

그러므로 논술 준비를 위해서는 평소에 교과서 지문을 읽을 때나 글을 읽을 때 그냥 흘려가며 읽는 것이 아니라 작가가 왜 이 글을 썼고 이 글을 통해 어떤 이야기를 하려고 하는지 정확하게 파악해야 한다. '지문의 맥'을 파악하는 능력을 기르기 위해 매의 눈을 가지고 접근하면서 글의 핵심 의도를 짚어나가는 훈련을 반복하자. 이런 수고로운 노력이 쌓이고 쌓였을 때 논술의 달인이 될 수 있다.

그러나 내용을 요약하는 것만으로 끝난다면 논술이 그렇게까지 어려울 리는 없지 않겠니? 논술에서 중요한 것은 내용 요약이 아니라 그 내용을 바라보는 너만의 관점이다. 한미 FTA를 바라보는 너만의 관점, 아프리카 아이들의 기아를 바라보는 너만의 시각, 아프가니스탄 전쟁을 바라보는 너의 의견과 대안 말이다. 사실 지문 요약은 답이 정해져 있다. 논술 채점 위원들도 이 답안에 기초해 채점한다. 하지만 '자신의 관점에서 논술하시오' 부분은 정답이 없다. 얼마나 더 현실 가능하고 얼마나 더 논리적인 대안을 답변하느냐에 따라 점수가 달라진다.

〈논지 비판, 대안제시형〉

- 다음 제시문 (가)에 나타난 사회현상을 제시문 (나)와 (다)의 관점에서 비판하고 대안을 제시하시오.(연세대, 2011)
- 제시문 (가)와 (나)의 차이점을 설명하고 그중 하나를 근거로 하여 제시문 (다)에 나타난 행위의 동기에 대하여 자신의 생각을 설명하시오.(한국외대, 2008)
- 위의 논의를 토대로 정보화 시대의 이상적인 민주주의를 구상해보고 이를 실현하기 위한 구체적인 방안을 기술하시오.(서울대, 2010)

네가 설득력 있는 근거를 들지 못해서 비판을 제대로 하지 못했다면 불합격이다. 어떤 비판이든 비판을 하기 위해서는 그 비판을 받아들이는 사람을 설득할 만한 근거를 제시해야 하기 때문이지. 그러나 근거를 들어 비판만 했다면 이것 역시 불합격이다. 비판만 하고 대안을 제시하지 못하면 이런 사람은 옳은 비평가라고 할 수 없기 때문이지. 확실한 근거를 들어 핵심을 찌르는 바른 비판을 하고 이 비판을 대체할 만한 실현 가능하고 긍정적인 대안을 제시했을 때 비로소 합격이다.

논술이든 구술이든 토론이든 면접이든 다 마찬가지다. 남들도 다 생각하는 시시하고 뻔한 대안이 아니라 새롭고 허를 찌르는 비판, 너만의 관점이 확실한 대안을 제시해야 한다. 그렇게 할 수 있으려면 평소 이런 문제에 관심을 가지고 깊은 사고를 해야만 한다. 생각해보렴. 이런 일들이 논술학원에서 또는 하루아침에 가능할지.

특히 2013년 입시부터 대부분의 대학이 논술을 어려운 지문 대신 교과서나 EBS 교재에서 인용하기로 했다. 지나치게 어려운 논술 지문 탓에 학생들이 학원을 이용하는 것을 막으려는 의도에서다. 이제 논술은 학원이 아니라 스스로 교과서를 열심히 해독하고 스스로의 생각을 정립하는 방식으로 준비해야 한다.

자, 그러니 학원에 가서 논술을 해결해야겠다는 가능성 없는 희망은 접자. 오히려 너 스스로 하는 것이 논술 점수를 올리는 방법이며, 그것이 유일한 방법이다.

논술 성공을 이끄는 키워드 1: 스키마

스키마라는 것이 있다. 사람의 기억에 저장된 경험의 총체, 즉 배경지식을 가리킨다. 여기에 그 배경지식을 서로 연관 짓는 능력까지 포함한다. '어떤 배경지식을 가지고 있는가? 이 배경지식이 서로 어떻게 영향을 주면서 글쓰기에 도움을 주는가?' 하는 것이 바로 스키마라고 할 수 있다.

그런데 이 스키마에는 아주 중요한 비밀이 있다. 우리에게 어떤 새로운 정보가 들어왔다고 가정할 때, 우리는 이것을 정보 그 자체로 기억하지 않는다. 이 새로운 정보는 어떤 식으로든 우리가 기존에 가지고 있는 정보와 연결되어 기억된다. 다시 말해 어떤 정보를 새로 암기해야 할 때 네가 가진 기존의 정보와 연결한다면 더 많은 양의 정보, 더 깊은 수준의 정보를 쉽게 암기할 수 있다는 것이다.

하버드 대학교의 심리학과 다니엘 샥터 교수에 의하면, 머릿속에 이미 들어 있는 지식과 경험은 새로운 지식을 받아들이는 데 막대한 영향을 미친다. 그에 따르면 무의미한 음절, 무의미한 단어, 의미를 이해할 수 없는 지식은 머릿속에 남지 않는다. 지식이 머릿속에 남아 있으려면 그 내용이 이미 알고 있는 지식과 연결되어야 한다. 예를 들어 모르는 사람을 그냥 보고 지나치면 얼굴이 기억나지 않지만, 친구가 "쟤, 네가 좋아했던 ○○의 동생이야"라고 네 기억과 연결해주면 나중에도 얼굴이 잘 기억나는 것처럼 말이지.

이러한 이유로 머릿속에 지식이 많은 사람은 더 많은 지식을 기억할 수 있고, 반대로 머릿속에 좋은 스키마가 형성되어 있지 않은 사람은 기억이나 학습이 점점 더 어려워진다. 이것이 학습에 관한 '빈익빈 부익부 현상'이다. 지식이 부족한 사람은 정보처리를 정확하게 하지 못해서 이해를 제대로 하지 못하고, 따라서 기억을 잘 못한다. 기억을 잘 못하니까 지식이 줄어들고 지식이 줄어드니까 그다음 것을 또 이해하지 못하는 식으로 지식이 계속 가난해지지. 반면 지식이 많은 사람은 지금 가진 풍부한 지식을 바탕으로 해서 지식을 잘 조직화하니까 더 많은 정보를 기억하고 더 많은 지식을 가지게 되어 기억력이 증폭하는 부익부 현상을 만들게 된다.

무언가를 기억하려고 해도 잘 안 되고 어떤 내용을 이해하려고 해도 잘 되지 않는다면 그건 지금 네 스키마가 빈약하다는 뜻이다. 스키마가 부족하다면 어떤 정보가 입력되었을 때 그것을 기존의 지식과 연관 지어 이해할 수 없으니 당연히 암기하기도 힘들어진다.

네가 아무리 열심히 노력해도 네 기억력을 늘릴 수는 없다. 네 기억력을 늘리는 방법, 네 스키마를 늘리는 가장 좋은 방법은 책을 읽는 것이다. 책을 읽는 동안 네 뇌는 책의 내용을 시각화한다. 시각화란 책의 내용을 머릿속에 본 것처럼 그려보는 것인데 이 시각화 과정은 지금 당장 성적에 영향을 주지는 않지만 나중에 이와 조금이라도 관련된 공부를 할 때 효과를 발휘한다. 책 속의 내용이 네 기억 속에서 튀어나와 새로운 정보와 만나서 이해력과 암기력을 높이는 데 도움을 주기 때문이다. 그뿐이랴? 책을 통해 쌓은 배경지식은 논술 성적을 끌어올리는 든든한 버팀목이 된다. 논술은 대부분 시사나 책에서 출제되기 때문이다.

물론 공부할 시간도 부족하다는 것은 안다. 하지만 아무리 시간이 없고 마음이 급하더라도 고3이 아닌 이상 하루에 잠깐이라도 짬을 내서 책을 읽자. 위인들의 자서전도 좋고 요즘 이슈가 되고 있는 인문학책도 좋다. 역사책은 더욱 좋다. 이런 좋은 책을 읽는 시간이 늘어나면 책을 통해 네 앞날의 등대가 되어줄 멘토를 만날 수도 있고 네 가슴을 후려치는 좋은 문장을 발견하기도 한다. 그리고 결정적으로 네가 더 많은 지식을 가지고 '지식의 부익부' 대열에 합류할 길이 열린다. 무엇보다 좋은 것은, 책은 네가 더 나은 인간이 되도록 도와준다는 것이지.

인생은 짧고 시간은 한정되어 있으므로 우리가 경험할 수 있는 것에는 한계가 있다. 물론 인간은 직접 경험함으로써 가장 크게 배우지만, 책 속에 있는 타인의 경험을 보며 나의 경험으로 만들

수도 있다. 그게 인간이 다른 동물들과는 다른 위대한 점이지. 다른 사람의 삶과 위대한 사람들의 가치관을 들여다보는 일을 통해 우리는 인생에 필요한 통찰력을 배운다. 여러 가지 지식을 알게 되는 것은 책이 주는 또 다른 선물이다.

세계 각국의 위대한 지식인의 책을 읽으며 '나는 세상에서 참 작은 존재구나'라고 느낄 때 아이러니하게도 인간은 위축되는 게 아니라 철학적으로 사고하게 된다. 자신의 존재를 깨달아야 자신의 삶을 채찍질할 수 있게 되는 것이다. 책이 바로 이런 길을 열어준다. 만일 네가 책을 꾸준히 읽는다면 논술을 앞두고 시간당 100만원 하는 족집게 강사를 둘 필요가 없다. 책을 통해 얻어진 네 통찰력과 열린 사고는 입시 때 그 빛을 발할 것이다.

논술 성공을 이끄는 키워드 2: 일기

초등학교 때 귀에 못이 박이게 들었던 '일기 써라'라는 잔소리를 기억하지? 왜 어른들은 그렇게 일기 쓰기를 강조했을까? 그건 일기가 사람을 성찰하게 하기 때문이다. 일기를 쓰면서 사람은 자신의 하루를 돌아보게 된다. 사실 돌아보지 않고 대충 사는 날들이 얼마나 많니? 이렇게 대충 사는 날이 쌓인다면 결국엔 대충 사는 인생이 되는 것 아니겠니? 그러나 매일 자신의 삶을 반성하고 스스로를 돌아보고 자신이 잘한 일에 칭찬해주는 일을 반복한다면 너는 매일매일 그냥 사는 사람들보다 훨씬 앞서 나갈 수 있다. 그래서 일기를 쓰라고 하셨던 거야(그렇다면 엄마나 선생님도 일기를 열심히 쓰셔야 할 텐데 말이야). 이런 이유로 외국 속담에 '어떤 사람이 10년 동안 일기를 썼다면 그는 어떤 분야에서든 전문가가 되어 있다'라는 말이 있단다.

일기를 쓰면 삶을 반성하고 성찰할 수 있기 때문에 너는 '폭풍성장'에 한 걸음 다가가게 된다. 더욱 놀라운 것은 일기를 쓰면 너의 글쓰기가 논리적으로 변한다는 사실이다. 글쓰기 실력은 논술 단기 과외로 한 번에 좋아질 수 있는 것이 절대 아니다. 그러므로 논술을 잘 보기 위해서는 평소에 글쓰기를 해놓아야 하는데 일기가 글쓰기 공부를 하기에 가장 편하고 손쉬운 방법이다.

사실 우리는 주변에서 고민은 많은데 별 실속 있는 결론은 못 내는 친구들을 종종 만난다. 머리를 쥐어뜯으면서 고민하지만 그 친구가 도달하는 결론은 항상 어이없고 어리석어서 주변 친구들을 답답하게 하는 애 꼭 있잖니? 이런 친구들은 효율적으로 생각하는 방법을 모르는 애들이다. 깊이 고민하면 깊은 결론에 도달할 것 같지만, 생각을 어떻게 진전시켜야 하는지 알지 못하니까 쓸데없는 고민만 계속하는 거란다.

예를 들어 마음에 드는 여학생 때문에 상사병에 걸린 남학생이 있다고 가정해보자. 남학생은 매일 그 여학생을 생각한다. 하지만 여학생을 우연히 만나면 말도 못 붙이고 주변을 서성대기만 하지. 그 여학생이 다른 남학생과 얘기를 나누기라도 하면 질투심으로 온몸이 불덩이가 된다. 매일 이와 같은 일상을 반복하는 불쌍한 남학생. '아, 고백을 할까? 아냐 그랬다가 퇴짜 맞으면 나만 손해지. 그럼 그냥 기다릴까? 나를 알아봐 줄 때까지? 그랬다가 영영 내 마음을 알리지 못하면 어떻게 하지?' 이런 생각을 하루에도 열두 번씩 반복하겠지. 남학생의 마음은 더욱 괴로워지지만 아무 변화도 없이 매일매일 시간이 간다.

그런데 이 남학생이 일기를 썼다면 어땠을 것 같니? '고백을 할까? 아냐 그랬다가 퇴짜 맞으면 나만 손해지. 그럼 그냥 기다릴까? 나를 알아봐 줄 때까지? 그랬다가 영영 내 마음을 알리지 못하면 어떻게 하지?'라는 문장을 어제 일기에서 발견하고는 매일 똑같은 고민을 하는 자신이 어리석다는 것을 깨닫게 돼. 그러면 이것보다는 더 나은 생각, 즉 고백을 하든 마음을 접든 둘 중 하나로 결정을 봐야겠다고 생각을 발전시키는 거다. 일기장을 내려다보며 말이지. 그리고 그다음 날은 '그래, 고백을 해보자. 그렇다면 어떤 방식이 좋을까?' 고민하다가 선물을 주며 고백하는 걸로 결정을 낸다. 이 친구는 일기에 적는다. '용기를 내자고. 미인은 용기 있는 자만이 차지할 수 있는 것이라고!' 그런데 이 방법이 너무 고전적인 방법이라 남학생은 퇴짜를 맞는다. 남학생은 미칠 듯이 자책한다. 그리고 일기에 자신이 얼마나 어리석었는지를 구구절절 적는다. 여학생에 대한 그리움도 적겠지. 자신이 쓴 글을 찬찬히 읽어본 남학생은 다시 계획을 세운다. 그 여학생을 잊고 공부에 매진할지 아니면 다시 더 좋은 방법으로 고백을 할지 말이야. 거미줄처럼 얽혀 있는 머릿속을 일기가 대신 정리해주는 거야. 남학생은 그저 일기를 열심히 썼을 뿐인데 머릿속의 생각은 매일 앞으로 나아가게 되지.

이것은 자신의 생각을 논리적으로 만드는 방법, 즉 생각을 구조적으로 조직하는 아주 중요한 능력이다. 생각도 몸과 마찬가지로 연습과 단련을 통해 단단한 근육이 만들어지는 것이다. 자신의 생각을 현명한 방향으로 전진시킬 수 있느냐 아니냐는 비단 공부뿐만 아니라 삶에서도 대단히 필요한 능력이다. 만일 일기를 쓴다면 너는 자기도 모르게 이러한 능력을 계발하고 키워나가게 된다.

일기 쓰기는 사실 수백 가지 장점이 있다. 그중 가장 좋은 점은 일기가 너의 스트레스를 낮춰주는 '스트레스 제거제'라는 것이다. 인간에겐 누구나 '카타르시스'가 필요하다. 카타르시스는 자기 속에 있던 울분이나 괴로움 등을 밖으로 확 토해내면서 느끼는 감정의 정화를 말한다. 슬픈 영화를 보며 엉엉 울고 나면 속이 좀 시원해지는 느낌이 들고, 억울한 일이 있을 때 노래방에서 고래고래 소리를 지르고 나면 그나마 화가 가라앉는 느낌이 들잖니? 이런 게 카타르시스지.

그런데 화가 나고 속이 상할 때마다 슬픈 영화를 보러 가거나 노래방에 갈 수는 없는 일이잖아. 그리고 사실 슬픈 영화나 노래방이 우리의 감정을 완전히 정화해주지도 않는다. 그냥 잠깐이지. 그럼 진정한 카타르시스는 어디서 올까? 진정한 카타르시스는 자기 고백을 통해서 얻을 수 있다. 신부님 앞에서 죄를 고백하고 나면 진짜 죄를 용서받은 것처럼 느껴지는 것처럼 말이야. 일기장에 친구 욕을 실컷 쓰고 나면 친구에게 그렇게까지 심한 욕을 한 사실이 살짝 부끄러워지면서 친구가 실은 그렇게 나쁜 애는 아닌 것처럼 생각되기도 하잖아.

너희는 살면서 견딜 수 없이 많은 스트레스를 받는다. 성적 때문에 괴롭고 친구와 싸워서 속상하고 학교 선생님, 학원 선생님, 과외 선생님한테 야단맞아서 열 받고 마지막으로 집에 와서 엄마와 한 판 해야 하잖니? 하고 싶은 일은 하나도 못 하고 해야 할 일만 산더미지. 너희 마음속에는 울분이 가득하다. 그럴 때면 일기를 쓰렴. 다른 어떤 것보다도 일기가 너의 마음을 달래줄 거야. 일기장에 고백하면서 너 자신을 치유하는 거지. 일기는 네 마음속에 있을지 모르는 스트레스를 놀랍도록 줄여주고, 너의 슬픔이나 화를 객관적으로 바라보는 능력을 주며, 감정의 응어리를 말끔히 씻어준다. 네가 일기를 써야 하는 가장 큰 이유다.

일기는 오늘 하루 있었던 일을 자세하게 쓰는 게 아니다. 좋은 일기는 '오늘 느꼈던 기분을 깊게 쓰는 것'이다. 오늘 한 친구가 너에게 말했다. "아, 짜증 나. 저리 가!" 친구가 이 말을 한 시간은 불과 3초도 되지 않지만 너는 이 말에 크게 상처를 받았다. 너는 그 친구를 베프라고 생각하고 있었는데 이런 말을 들었기 때문이지. 더군다나 친구가 이런 말을 오늘 처음 한 것도 아니다. 너는 벌써 이런 식의 말을 여러 번 들었다. 너는 마음에 상처를 입었다. 그렇다면 그 말을 들었을 때의 네 기분을 자세하게 써라. "친구가 이런 말을 해서 속상했다"가 아니라 칼로 가슴을 베는 것 같았는지 네 얼굴에 침을 뱉는 것 같았는지 너를 싫어한다고 말하는 것 같았는지 말이다. 그리고 예전에 있었던 경험까지 불러내서 최대한 자세하게 그 기분을 묘사해라. 계속 이런 식으로 너를 대하는 친구를 가만히 놔둘지, 대판 싸울지, 너도 똑같이 복수할지 적어라. 그 내용이 깊고 자세할수록 더 좋은 글이다.

일기 쓸 게 없는 날에는 오늘 있었던 뉴스나 좋아하는 연예인 소식 같은 걸 적어도 좋다. 2013년 동국대 논술에서는 싸이의 성공 사례를 들어 '대중문화의 발전 방안을 서술하라'는 문제가 나왔다. 싸이의 성공 기사를 보고 일기장에 내 생각을 적어본 친구라면 얼마나 유리한 문제겠니?

책을 읽었다면 읽은 느낌을 일기에 써도 좋고 영화를 봤다면 그

느낌도 적자. 그러니까 일기는 '오늘 하루 있었던 일 중에 생각나는 것'을 넓게 적는 것이 아니라 '오늘 하루 생각했던 것 중에 가장 의미 있는 일'을 깊게 적는 것이다. 일기를 써라. 꾸준히 일기를 쓰는 너에게 성공이 준비되고 있다.

객관식 문제집은 독이다

학원이 온 힘을 모아 올인하는 것은 '시험 성적 향상'이다. 그러기 위해 학원은 죽도록 문제집을 풀린다. 문제집을 많이 풀어보면 시험 문제에 대한 '감'이 생기고 그 문제풀이에 대한 '감'으로 정말 시험을 예전보다 잘 보게 된다. 실력이 아니라 '감' 때문에. 그러나 성적 향상을 위해 이렇게 죽도록 문제집을 푸는 것이 과연 너의 미래를 위해 옳은 일일까?

문제집 속의 문제들은 정해진 시간 안에 학생이 즉각적으로 정답을 골라내야 하는 구조로 되어 있다. 문제집의 문제는 네가 스스로 사고할 시간을 주지 않는다. 문제에는 처음부터 질문과 대답만이 존재한다. 문제는 질문하고 학생은 질문받고, 문제에는 해답이 정해져 있고 학생은 해답지에 적힌 그 답을 찾아내야 한다. 객관식 시험은 이 구조의 결정판이다.

객관식 문제가 존재하는 이유는 정답을 골라낼 능력이 있는지 없는지를 점검하기 위해서다. 정답이 아니라면 모든 대답은 오답이라는 멍에를 써야 한다. 문제 속에 네가 생각하고 고민할 시간과 공간 같은 것은 애초부터 존재하지 않는다. 너의 창의력과 상상력이란 한 치도 용납되지 않는다. 해답지에 적힌 답을 골라내지 못하면 너는 실패한다. 이것이 너희가 만나는 문제집의 본질이다.

: 객관식 시험은 군부 통치의 결과물이다

유럽의 대부분 나라와 우리나라 교육시스템의 모델이 된 미국까지, 셀 수 없이 많은 나라가 학생 스스로 탐구하고 답을 찾아 자신만의 답을 쓰게 한다. 그런데 왜 굳이 우리나라만 이렇게 객관식 문제에 집착하는 것일까? 그것은 우습게도 우리나라 역사와 깊은 관련이 있다.

우리나라에 본격적으로 객관식 시험이 도입된 시기는 대표적인 '군사 쿠데타기'로 일컬어지는 1960년대 초반이다(그 이전의 시험은 대부분이 주관식이었다. 고려, 조선시대의 과거제도를 생각해보라). 정부는 혼란스러운 시대 상황에서 교육 현장을 '혼란을 만드는 곳'으로 낙인찍는다. 그러고는 이를 억압하려는 의도는 뒤로 숨기고 '공정, 효율, 객관' 등의 명분을 내세워 객관식 시험이라는 무기를 강력하게 작동시키며 학교에 개입한다. 다시 말해 혼란한 시기에 혼란을 부추길 수 있는 다양한 주관적 목소리를 듣지 않도록 주관식의 싹을 잘라버린 것이다. 더구나 정부가 시험을 관리하면 정부의 정당성은 높아지고 이를 통해 국가는 교육 현장을 간단히 지배할 수 있게 되는, 정권 입장에서 볼 때 선순환이 이뤄지는 것이다.

다시 말해 객관식 시험을 보면서 교육 현장은 자연스럽게 정권 밑으로 들어가게 되었고 이 과정에서 자신의 목소리를 잃고 말았다. 특히 1961년에 시작된 군사정권은 어떤 형태의 자율적인 시험도 허용하지 않았다. 군사정권은 국가가 강력히 통제하는 사지선다형 시험만 치르게 하는 한편, 그와 같은 시험으로 개인의 능력을 판정하는 사회야말로 객관적이고 공정하다는 것을 국민이 믿게 했다.

객관식 시험에는 누구도 개입하기 어려운 불변의 정답이 있기 때문에 객관성과 공정성이 있는 것처럼 보인다. 그러나 이 신화의 이면에는 다양한 능력에 대한 진정한 평가와 비판적이고 창조적인 생각 따위는 묻어버려도 좋다는 정치적 선택이 들어 있다. 이를 통해 우리 국민은 법 앞에 만인이 평등하다는 것은 믿지 않아도 시험 앞에 만인이 평등하다는 환상에 사로잡혔으며 한 걸음 더 나아가 객관식 시험 앞에 만인이 평등하다고 굳게 믿게 되었다.[4]

다시 말해 우리가 가진 객관식 문제에 대한 변치 않는 믿음은 군부가 교육적이고 비판적이며 창조적인 다양한 생각을 말살하기 위해 만들어놓은 제도에 불과하다. 그러니 이것을 알고 있는 대학이 이러한 방법으로 계속 학생을 선발하고자 하겠니? 이것을 모르는 학원, 또는 이것을 알고도 너희한테는 알려주지 않는 학원만 변함없이 객관식 문제에 집착하는 것이다.

문제집에 있는 객관식 문제들은 질문보다 답이 먼저 존재하는 시험이다. 답이 먼저 존재한다는 것은 네가 만나는 세계가 닫힌 세계라는 뜻이다. 너는 12년간, 혹은 그보다 훨씬 오랜 시간 객관식 문제를 반복해서 푼다. 이 끊임없는 과정을 통해 네가 배우는 것은 모르는 게 있어도 질문을 하지 않는 것과 외우라면 무조건 외우는 기존 질서에 대한 비판 없는 순응이다. 이 긴 기간을 통해 너의 뇌는 화석화된다. 수많은 문제집과 학습지에서 반복되는 문제를 풀면서 너는 너만의 생각을 자유롭게 풀어놓고 여러 방향을 찾아가는 인간 본연의 자세를 잃어버린다. 그렇게 살아간다면, 네가 과연 학생의 가능성과 다양한 역량을

---

4. 한국 교육철학회 교육철학 34집 이경숙의 「객관식 시험과 국가개입」 참고.

묻는 현재의 입시제도에서 좋은 대학에 입학할 수 있을까? 혹여 어찌어찌 입학을 했다 하더라도 그 후 네 앞에 놓인 주관적인 인생을 제대로 꾸려나갈 수 있을까?

더 좋은 대학에 가길 원하며 더 나은 삶을 살아가길 바란다면 제발 문제집에 매몰되지 말자. 문제를 끝없이 풀면 내신은 약간 높일 수 있지만 네가 가지고 있는 잠재적 창의성, 목표의식, 자발성, 창조적 사고력 등 너의 수많은 좋은 점은 짓밟힌다. 학원에서 더 오랫동안 공부하고 더 많은 문제집을 푸는 것은 아이러니하게도 좋은 대학을 가는 것과 점점 더 멀어지는 일이다.

그러니 제발 문제집에 목숨 걸지 말자. 그냥 너 스스로에게 생각할 시간을 좀 주자. 그리고 주관식으로 묻자. "나는 이 문제에 대해 어떻게 생각하나?"

공부 이전에 목표가 먼저다

: 김민수 (전북 군산고 졸업. 서울대학교 정치외교학과)

**" 선행은 독이다.
수업시간에 딴생각을 하면서
성적이 오르기를 바라는 것은 어불성설이다. "**

사교육을 받지 않은 것이 특별한 것인지 몰랐다고 해맑게 웃으며 이야기할 만큼 학원이나 사교육 없이 공부했던 민수 군. 그는 자신이 상위권 성적을 유지할 수 있었던 데에는 아무것도 강요하지 않는 부모님의 교육관이 가장 크게 작용했다고 말한다. 공부하라는 강요가 전혀 없었기 때문에 공부를 하고 싶다는 욕망을 스스로 키워나갈 수 있었다고. 초등학교 때는 신 나게 놀기만 했고 중학교 때도 평소 학교 수업을 열심히 듣는 것 외에는 시험 2주 전에야 공부를 시작했다고 한다. 그런 민수 군이 공부를 잘할 수 있었던 진짜 이유는 평소 학교 수업에 충실했기 때문이다. 민수 군은 고등학교 때 단 한 번도 학교에서 졸지 않았다고 했다. 그 대단한 에너지는 도대체 어디에서 왔을까?

: 학교에서 한 번도 안 자는 것이 가능한가?

기본적으로 체력이 좋다(웃음). 하지만 학교에서 졸지 않기 위해 무조건 여섯 시간 이상 꼭 잤다. 고3 때도 열두 시에 자고 여섯 시에 일어났다. 3당 4락은 말도 안 된다. 그렇게 피곤한 상태로 이겨낼 만큼 수능이 호락호락하지 않다. 나는 푹 자고 그 대신 학교에 있을 때는 그 시간을 완전하게 다 썼다. 체육이나 음악시간에도 열심히 참여하고, 수업시간에는 선생님 말씀에 최대한 집중하고 쉬는 시간에도 공부했다. 점심시간에 식당에서 줄을 서 있을 때도 단어장을 들고 단어를 외웠다. 단어를 앉아서 외우는 것은 효율이 떨어진다. 길을 걸어가면서, 줄 서 있을 때 움직이면서 외웠다. 그리고 주말에는 완벽하게 쉬었다. 수능 막판까지도 일요일은 쉬었다. 음악 듣고, 게임하고, 예능 프로그램 보고, 책도 많이 읽고, 운동도 꾸준히 했다. 휴식을 충분히 하니까 월요일이 되면 다시 집중할 수 있었다. 특히 스트레스를 안 받기 위해서 운동을 많이 했다.

: 수능 직전까지 주말에 쉬었다니 믿을 수가 없는걸?

친구들도 그렇게 말했다. 집에서 열심히 공부하면서 거짓말하는 것 아니냐고. 하지만 진짜 주말에는 쉬었다. 시간을 내서 푹 쉬지 않으면 평소에 그렇게 집중할 수가 없다. 사람이 어떻게 쉬지 않고 계속 집중할 수가 있나? 입시공부는 무척 힘이 드는 일이기 때문에 계속 공부만 해서는 빨리 지칠 수밖에 없다. 나는 평소에 지치지 않기 위해 주말에는 확실하게 쉬었다. 부모님도 나의 그런 방식을 이해하시고 아무 잔소리도 안 하셨다. 문제는 집중력이다. 오랫동안 앉아 있는 것이 문제가 아니라 할 때 집중하는 것이 중요하다.

: 학원은 전혀 안 다녔나?

중학교 때 학원에서 무료로 수업을 받게 해주겠다고 해서 간 적이 있다. 딱 사흘 다녔다. 그런데 공부하는 기분이 들지 않고 시키는 대로 따라만 하는 것 같다는 생각이었다. 학원이 내주는 숙제도 너무 많았다. 그 숙제하느라 내 공부 할 시간이 없었다. 그때가 중3 때였는데 학원에서는 지금 필요도 없는 고1~2 과정을 가르쳤다. 나는 학교 수업 과정을 더 배우고 싶었지만 학원은 내가 원하는 것을 가르쳐주지 않고 불필요하게 선행학습을 했다. 수능에서 필요한 것은 정해져 있는데 학원은 필요 이상으로 일찍, 필요 이상으로 어려운 것을 가르친다. 학원에서 하는 말들은 과장된 경향이 있다. 학원은 텝스, 토플 같은 것이 꼭 필요한 것처럼 강조하는데, 수능 영어가 물론 어렵기는 하지만 학원에서 말하는 것만큼은 아니다. 꼭 필요하지도 않은 공부를 하는 것은 시간낭비라고 생각한다. 나는 텝스와 토익 점수 없이 대학에 합격했다. 토익 시험은 대학에 와서 처음 봤다.

: 선행학습에 대해서는 어떻게 생각하나?

중1 때 선생님께서 어떤 개념에 대해 물어보셨는데 나만 모르고 다른 친구들은 다 대답을 해서 친구들이 '너는 공부도 잘한다면서 그것도 모르냐?'고 놀린 적이 있다. 나는 선행학습을 전혀 안 했기 때문에 수업을 시작할 때는 늘 친구들보다 뒤처져 있었다. 그러나 학기 중반으로 가면 선행학습을 한 아이들은 수업 내용을 다 안다고 생각해서 수업시간에 집중을 안 한다. 이미 알고 있는 내용이니 당연히 노력도 덜 한다. 반면에 나는 모르기 때문에 알려고 열심히 했다. 선행학습을 한 아이들은 개념을 대충만 알고 있는 상태로 학기를 다 보낸다. 나는 학교 진도에 맞춰서 그 과정을 자세하고 집요하게 공부했다. 학교 진도에 맞추니 딱히 어렵다고 느끼지 않았고 모르는 내용을 알아가는 재미도 있었다. 그렇게 충실하게 공부했기 때문에 학기가 끝날 때쯤에는 내가 가장 앞서 있었다. 그게 내가 공부하는 방식이었다. 앞서 가는 것은 절대 중요하지 않다. 나는 늘 뒤따라 갔지만 시험을 보면 언제나 내가 그 친구들보다 좋은 점수를 받았다. 나는 선행학습이 오히려 아이들의 학구열을 죽이는 독이라고 생각한다.

: 수업에 집중하는 비결이 있다면?

영어시간에 수학 문제 풀고 수학시간에 암기과목 공부하는 친구들이 있다. 이 친구들이 모르는 것이 있다. 결국 내신은 학교 선생님이 주신다는 거다. 선생님이 수업시간에 강조한 내용, 선생님이 밑줄 그으라는 곳에서 시험 문제가 나온다. 물론 학원 선생님도 비슷한 것을 강조할 것이다. 하지만 시험 문제를 내는 것은 학원 선생님이 아니라 학교 선생님이다. 학교 수업을 버리는 것은 시험 문제를 버리는 것이다. 나는 수업시간에 집중하기 위해 EBS도 듣지 않았다. 물론 EBS 강사는 우리 학교 선생님보다 훨씬 재미있게 가르친다. 그런데 그 쉽고 재미있는 강의를 계속 듣다 보면 학교 수업이 재미없어진다. 그러면 수업시간에 집중이 안 되는 게 당연하지 않겠나? 학교 수업에 집중하기 위해 EBS 강의도 안 들었다. 학교 수업에만 올인했다.

: 고등학교 3년을 지치지 않고 공부할 수 있게 한 원동력은 무엇인가?

공부가 가장 힘들었을 때는 고1 때였다. 이때는 무엇을 해야겠다고 결정하지 못하고 막연히 서울대를 가고 싶다는 생각만 있던 때라 동기

부여가 안 되어 있었다. 그래서 집중이 잘 안 되고 힘들었다. 그런데 고
2 때 '전라북도 청소년 위원회' 활동을 하면서 꿈이 생겼다. 보건복지부
에 청소년 지원정책에 대한 제안을 하는 단체였는데 이 활동을 통해 다
양한 교육정책을 고민하고 실효성을 검토하면서 한국 교육에 관해 고민
하게 되었다. 자연스럽게 지역 아동복지센터에서 초등학생을 대상으로
봉사나 멘토링 활동을 하기도 했다. 그러면서 교육정책가가 되어야겠다
는 꿈이 생겼다. 확실한 목표가 생기고 나니 공부에 저절로 몰두하게 되
었다. 고1 때보다 고2~3 때가 공부할 내용은 훨씬 많았지만 훨씬 덜 힘
들었는데, 바로 그 때문이다. 공부를 하는 데 가장 중요한 것은 동기부여
다. 공부를 잘하려면 확실한 목표를 정하는 것이 먼저다.

　학부모님들께 하고 싶은 이야기도 이것이다. 아무 목표도 없는 아이를
다그치기만 해서는 절대로 공부를 열심히 할 수가 없다는 점. 그러니 하
고 싶은 일이 생기도록 격려를 해줘야 한다. 동기부여가 안 되어 있는데
공부를 자기주도적으로 하라는 것은 앞뒤가 안 맞는 말이다. 스스로 어
떤 것이 하고 싶어질 때까지 좀 기다려달라고 말하고 싶다. 하고 싶은 것
이 공부가 아니더라도 열정을 쏟을 만한 일을 찾아야 한다.

수능 2교시 수리영역

고등학교 수학 문제는 학년이 올라갈수록 한 문제에 다양한 개념이 들어 있다. 수준이 높아질수록 이러한 개념이 많아지기 때문에(이럴 때 보통 문제를 꼬아 낸다고 한다) 개념 하나를 놓치면 문제 전체를 놓치게 된다. 이럴 때 내가 사용한 방법은 문제 하나를 풀 때 필요한 개념을 모두 끌어 와 생각하는 것이었다.

예를 들어 로그와 무한등비급수 개념이 꼬인 문제가 나왔다고 해보자. 보통은 문제 유형에 따른 스킬이 존재하기 때문에 그 스킬에 맞추어 문제를 푼다. 그렇지만 나는 스킬을 이용하는 데 그치지 않고 왜 그와 같은 스킬이 사용되는지 알아보기 위해 그 스킬을 분석하고 로그와 무한등비급수의 기본적 개념까지 파고들어 갔다. 상당히 시간이 많이 걸리고(여섯 문제를 푸는 데 한 시간 정도 걸렸으니 정말 오래 걸린 거다. 하지만 여러 문제집을 풀지 않고 적은 수의 문제집을 반복해 풀었기 때문에 가능했다) 힘든 과정이기도 하지만, 평소에 이런 식으로 문제에 접근하면 '문제풀이 스킬의 적응력 + 개념에 대한 깊이 있는 이해 + 수학적 사고 + 스킬을 벗어난 문제를 푸는 데 필요한 응용력'을 한꺼번에 늘릴 수 있다.

기초가 부족한 학생은 수학 교과서를 반복해서 읽어야 한다. 교과서만큼 개념을 깊이 있게 설명해주는 책이 없기 때문이다. 물론 교과서만 보고 공부해서는 안 되고 실력이 늘수록 다양한 문제에 접근해봐야 한다. 개념도 중요하지만 개념만 가지고는 절대 문제를 풀 수 없기 때문이다. 여러분이 만나는 문제들은 개념을 완벽하게 이해한 사람들이 만들어놓은 다양한 스킬의 선물상자. 호기심을 가지고 상자를 열어 선물을 하나씩 꺼내보길 바란다.

슬럼프가 오는 이유는 미래가 불확실하기 때문이다. 너무나 불확실한 미래 때문에 불안이 극에 달하는 순간에 슬럼프가 온다. 이때 부모님께서, 나는 못 믿는 불확실한 나의 미래를 확신해주셨고 너는 할 수 있다고 말씀해주셨다.

– 조민경(서울대 정치외교학과)

3부

인지조절 능력:
꿈을 이루기
위한 공부 원리

01

내가 나를 바라보는 방식, 자아개념

너는 나름대로 열심히 노력하고 있다. 특별히 게으름을 피우지도 않고 학교 수업도 충실히 받는다. 문제집도 열심히 푼다. 하지만 성적은 오르지 않는다. 도대체 어디서, 무엇이 잘못된 것일까? 이제부터 너의 인지 능력에 관해 이야기하고자 한다.

인지 능력이란 '공부를 수행하는 자신에 대한 믿음, 자신의 의지'를 말한다. 즉 공부를 할 수 있게 하는 '마음의 힘'이라고 할 수 있지. 그러니까 네가 공부가 안 되는 것은 노력이 부족하기 때문이 아니라 인지 능력이 부족하기 때문이다. 공부를 시작하기 전에 공부에 막강한 영향을 미치는 인지 능력부터 키우자. 인지 능력을 관리할 줄 알게 되면 성적 향상은 시간문제다.

우리는 모두 마음속에 '자아개념'이라는 것을 가지고 있다. 자아개념이란 내가 나 자신을 어떻게 생각하느냐 하는 것이다. 그러니까 다시 말해 '내가 나를 바라보는 방식'이라고 할 수 있지. 자아개념이 긍정적으로 형성돼서 '나는 잘될 거고, 내 인생은 행복해질 것'이라고 생각하는 사람들이 있다. 이런 사람들은 어떤 일을 할 때 자신을 믿고 잠재력을 끌어올리므로 실패도 덜 하고 실패를 하더라도 툭툭 털고 잘 일어난다. 비록 중간고사에 실패했어도 기말고사를 잘 보기 위해 빨리 다시 공부에 몰두하지. '이번의 실패를 발판으로 다음 시험은 잘 보면 된다'라고 생각한다. 달리 말해 자아존중감이 높다고도 할 수 있다.

반면 '역시 그럴 줄 알았어. 나는 노력해도 안 돼'라고 생각하는 사람도 많다. 이런 사람들은 자신을 믿지 못하고 긍정적 에너지를 끌어올리지 못하므로 무슨 일을 하든 최선을 다하지 않고 쉽게 포기도 잘한다. 입시같이 힘든 일은 두말할 것도 없다.

많은 학자가 자아개념과 학업 성적의 상관관계를 연구했는데 이 둘은 매우 높은 관계가 있다고 밝혀졌다. W. 퍼키라는 학자의 연구에 의하면 학업 성적이 우수한 학생들은 자아개념이 긍정적이어서 자신을 가치 있고 바람직하고 유능한 사람이라고 생각한다.

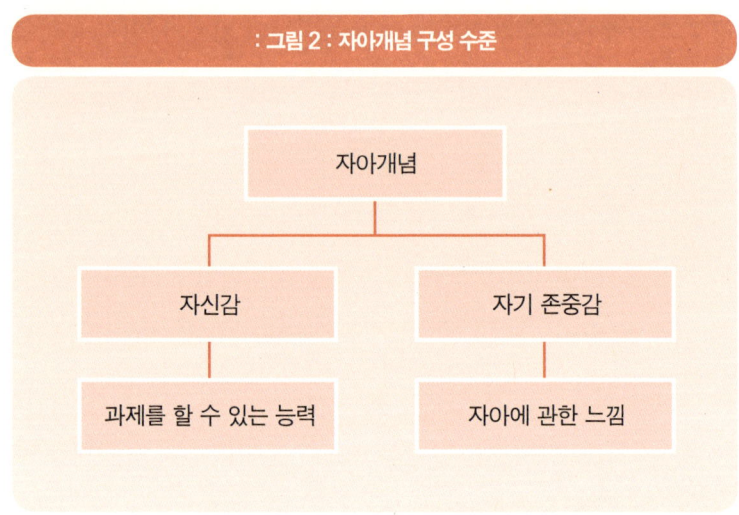

: 그림 2 : 자아개념 구성 수준

자아개념

자신감

자기 존중감

과제를 할 수 있는 능력

자아에 관한 느낌

반면 학업 성적이 좋지 않은 학생들은 대체로 부정적이며 자신감이 부족하고 열등감을 가지고 있으며 타인이 자신을 인정하지 않는다고 불만을 터트린다고 한다.

당연한 거 아니냐고? 당연하지. 네가 너 자신을 부정적으로 생각하고 자신감이 없고 열등감을 느끼고 스스로를 비하하고 주변 환경에 불만을 터트린다면 너는 절대로 좋은 성적을 낼 수 없다. 수많은 연구 결과가 이를 입증하고 있다. 성적을 올리기 위해서는 먼저 너의 자존감을 긍정적으로 끌어올려야 한다.

그런데 문제는 이 자존감이라는 놈이 네가 마음만 바꾼다고 휙 바뀌는 호락호락한 녀석이 아니라는 거다. 왜냐하면 자아개념은 아주 긴 시간 동안 만들어진 것이기 때문이다. 자아개념은 네가 걸음마를 뗄 때부터 생긴다. 네가 자라면서 작은 성공을 할 때마다 엄마를 비롯하여 가족이 너를 칭찬해주고 북돋아 주고 같이 기뻐해주었다면 너는 너의 긍정적인 자아개념을 차곡차곡 만들었을 것이다. 혼자 걷고 스스로 밥을 먹고 어린이집과 유치원에 잘 적응하고 초등학교에 들어가서 선생님이 내주신 숙제를 하고 시험을 보는 등의 작은 성취를 할 때마다 가족으로부터 칭찬과 지지를 받으면서 자랐다면 너의 자존감과 자신감은 쑥쑥 성장했을 것이다.

반대로 네가 이런 과정을 거칠 때마다 늘 야단을 맞았거나 실패할 때마다 비난을 들었다면 지금 너의 자존감은 껌처럼 바닥에 딱 붙어 있을 것이다. 이렇게 바닥에 껌딱지처럼 붙어 있는 자존감을 가지고는 공부에 실패할 수밖에 없다. 어떤 일을 하든 가장 기본이 되는 것은 '그 일을 할 수 있다는 자신감'이기 때문이다. 공부를 잘하기 위해서는 무엇보다 먼저 너의 자아존중감을 끌어올려야 한다.

02

자존감을 높이는
긍정적 강화

긍정적 강화와 부정적 강화라는 것이 있다. 긍정적 강화는 아이
가 올바른 행동을 했을 때 긍정적인 피드백을 주어서 그 행동을 다
시 하도록 유도하는 것이다. 시험을 보고 그 결과가 좋으면 상을
주거나 칭찬을 해주는 것이 긍정적 강화의 대표적인 예다. 반대로
부정적인 강화라는 것은 바람직하지 못한 행동을 했을 때 부정적
인 반응으로 그 행동을 없애는 것이다. 공부를 안 한 아이에게 벌
을 주거나 매를 때려서 공부하도록 유도하는 것이 부정적 강화의
예다.

공부를 하지 않을 때 우리는 대부분 부정적 강화를 받는다. 선생님과 부모님께 혼이 나거나 매를 맞기도 한다. 하지만 생각해보자. 이런 윽박지름이나 매가 네게 도움이 된 적이 있는지. 이런 경험을 하며 반성하는 사람은 별로 없다. 오히려 세상에 대한 불만만 가득해지지. 그래서 자꾸 부정적 강화를 받은 인간은 자기 자신을 부정적으로 인식한다.

"너 정신이 있어 없어? 이래서 무슨 대학을 가!"

"이럴 거면 차라리 공부 때려치워!"

"누굴 닮아서 저 모양인지. 한심해."

이런 말을 부모님한테 계속 듣다 보면 스스로도 그렇게 생각하게 된다.

'내가 이 성적으로 무슨 대학을 가겠어.'

'차라리 공부 때려치울까?'

'나는 왜 이렇게 한심할까.'

부정적인 강화를 계속 받으면 자아존중감이 나락으로 떨어져 도무지 건져 올릴 수 없는 지경에 이른다.

주변에 긍정적인 강화를 해주는 선생님이나 부모님이 계시다면 이것만큼 감사한 일은 없을 것이다. 하지만 주변에 너를 긍정적으로 강화해주는 사람이 없더라도 실망할 건 없다. 왜냐하면 너는 이제 스스로를 긍정적으로 강화할 수 있는 나이는 되었기 때문이다.

'내가 그렇지 뭐.'

'거 봐, 그럴 줄 알았다니까. 완전 짜증 나.'

'하기 싫어. 하면 또 뭐하겠어?'

이 모든 부정적인 언어들은 네가 점점 더 부정적인 자아개념을 형성하는 데 막강한 영향력을 행사한다. 반대로 스스로에게 긍정적인 말을 건네는 것은 네 안의 에너지를 키우는 데 엄청난 힘을 준다.

'할 수 있어. 나는 잘할 거야.'

'이런 어려움쯤은 극복할 수 있어. 나는 나를 믿어. 파이팅!'

혹시라도 '에이, 뭐 그런 게 도움이 되겠어?'라고 생각하고 있지 않니? 하지만 전혀 그렇지 않다. 네가 할 수 없다는 마음을 먹는 순간 너는 그 일을 정말 할 수 없게 된다. 물론 네가 할 수 있다고 각오를 다진다 해서 모든 일을 할 수 있는 건 아니야. 하지만 할 수 있다는 강한 마음을 먹어야 네 안의 더 많은 에너지를 끌어올릴 수 있다. 그리고 그 에너지가 불타올라야 결국은 그 일을 해낼 수 있다.

선생님과 부모님을 원망하고 친구들에게 욕을 해대고 자신을 비하하면서 성공한 사람은 세상 어디에도 없다. 전 세계를 다 뒤져도 한 명도 없다. 하지만 자신을 믿으며 할 수 있다고 다짐하고 해낼 거라고 외치다가 절대 불가능해 보이는 일을 해낸 사람은 셀 수 없이 많다. 성공하기를 원한다면 너를 더 칭찬하고 너에게 더 힘을 줘라. 칭찬하고, 격려하고, 할 수 있다고 더 많이 외쳐야 한다. 이 모든 긍정적인 강화가 너의 자아존중감과 성적을 끌어올리는 가장 기본이 되는 조건이다.

03

네가 그토록
무기력한 이유

하고 싶은 것도 없고, 먹고 싶은 것도 없고, 되고 싶은 것도 없고, 좋아하는 것도 없고, 학원에 가기도 싫고, 공부하기도 싫고, 엄마가 뭘 물어도 대답하기도 싫고, 그저 상황에 질질 끌려다니는 것 같은 기분이 든다면, 너는 지금 무기력증을 겪고 있는 것이다. 왜 이런 상태가 되었을까? 분명 예전에는 좋아하는 게 있었고 하고 싶은 것도 있었을 텐데 말이다.

　네가 무기력증을 겪게 된 이유는 여러 가지가 있을 수 있지만 가장 대표적으로는 네 환경이 너의 자율성을 빼앗았기 때문이다. 스스로 네 삶의 문제들을 결정하고 싶은데 주변 상황이 너에게 자유를 주지 않았기 때문이지. 초등학교 때부터 학원을 가고 학습지를 하는 것뿐만 아니라 친구하고 노는 것까지 사사건건 엄마가 간섭하고 결정해서 너는 도무지 네 생활을 계획할 수가 없었다. 이렇게 자신의 의지와 상관없이 삶이 좌지우지될 때 인간은 무기력해진다. 스스로 할 수 있는 게 없으니 스스로 어떤 일도 하고 싶어지지 않는 게 당연하지.

어릴 때부터 너무 빡빡한 학원 시간표에 쫓겨 다니면서 스스로 하고자 하는 욕구가 없어져도 무기력증이 온다. 온종일 이 학원 저 학원 다니면서 배우고 또 배웠기에 더는 무엇을 배우고자 하는 욕구가 사라져버린 것이다. 인간은 본래 스스로 새로운 것을 배우고 싶어하는 존재다(그래서 어린아이들이 묻고 또 묻는 것이다). 그러니 가만 놔두었으면 너 스스로 무엇인가를 배우고자 했을 텐데 그전에 너무 많은 것을 배우다 보니 너 스스로 배우려는 욕망이 죽어버린 거야. 안쓰럽고 서글프다.

하지만 어쨌든 중요한 것은 너를 이렇게 계속 방치해서는 안 된다는 것이다. 네가 어떤 일에도 열정이 없고 소금에 절인 배추같이 항상 축 처진 기분이 든다면 학년이 높아질수록 공부가 점점 더 힘이 들고 점점 더 하기 싫어질 것이기 때문이다. 이런 상태로는 입시에 성공하기 어렵다. 무기력한 인간이 어떻게 그 어려운 관문을 통과하겠니?

그런데 입시에 실패하는 것 말고도 더 큰 문제가 있다. 네가 계속 너의 무기력증을 해결하지 못하면 너는 정상적인 성인으로 성장하기 어렵다. 회사에 들어간다고 해도 맡겨진 임무를 수행하지 못하고 그만두게 될 확률이 높고, 이런 무기력한 상태로는 건강한 결혼생활을 하기도 힘들다. 간단히 말해 행복한 성인으로 살아갈 수가 없다. 무기력이란 이렇게 무서운 질병이다.

너는 싸워야 한다. 너무나 많이 남은 너의 인생을 가치 있게 만들기 위해 너의 몸에 덕지덕지 붙어 있는 무기력이라는 놈을 최선을 다해 떼어내야 한다. 일단은 주위에 네 어려움을 이야기하고 도와달라고 외치자. 그리고 너 스스로도 변화하기 위해 치열하게 노력하자. 뭐든지 엄마한테 의존하고 부탁하던 어린애 같은 생활은 그만두고 어떤 일이든 나 혼자 해결하겠다고 결심하자. 물론 그렇게 하려면 쓰나미 같은 공포가 몰려올 수도 있다. 하지만 이 공포와 용감하게 맞서야 한다. 더 늦기 전에, 네 안에 똬리를 틀고 앉아 너를 이리저리 휘두르는 무기력이란 놈과 한 판 맞짱을 떠야 한다.

무기력을 이겨내는 키워드 1: 내적 동기

샘이 고등학교 때는 많이 뚱뚱했단다. 똑바로 서서 아래를 내려다보면 튀어나온 배 때문에 발이 안 보일 지경이었지. 그때는 왜 그렇게 배가 고프던지 하루에 우유 1,000밀리리터를 다 마시기도 했다니까. 교복을 입을 때는 점점 살이 쪄도 '어머, 조끼가 안 잠기네? 어머, 치마 후크가 안 채워지네?' 하면서 별생각 없이 넘어갔고, 고3 체력장 때 잰 가슴둘레가 1미터가 나왔어도 샘은 내가 그렇게 뚱뚱한지 몰랐어. 왜냐하면 같이 다니는 친구들도 다 뚱뚱했거든. 그런데 고등학교를 졸업하고 사복을 입게 되니 허리 34인 샘한테 맞는 옷이 없더라. 샘은 대학 입학 기념으로 사는 청바지를 남성복 코너에서 고르는 굴욕을 맛봤다. 지금은 웃지만 그때는 얼마나 우울했는지 말도 못 해.

고등학교 때는 공부를 하려면 힘이 있어야 한다며 새벽 두 시에도 밥을 챙겨주시면서 내가 살이 찌는 데 지대한 공헌을 하셨던 엄마는, 내가 대학에 가자마자 살 좀 빼라고 성화를 부리셨지(이런 어이없는 경우가!). 하지만 샘은 운동이 너무 싫었단다. 그래서 엄마가 끊어주신 헬스장엘 가는 둥 마는 둥 하며 시간을 보내곤 했어. 그러다가 헬스장에서 헬스 기구랑 씨름하는 것보다는 산에 올라가는 게 좀 나을 것 같아서 집 앞에 있는 산에 가기로 했다.

처음에는 숨도 차고 산에 기어 올라가는 것이 너무나 힘들었어.

날마다 산에 가려고 일어설 때마다 얼마나 괴로웠는지 몰라. 천성이 움직이는 것을 싫어하는 샘한테는 정말 매일이 지옥이었다. 그러나 그렇게 한 달, 두 달 가다 보니 무엇보다 살이 많이 빠졌고(다이어트에는 등산이 최고!) 숲 속에서 좋은 공기를 마셔서 그런지 머리도 맑아지는 것 같았어. 그리고 계절 따라 산이 갈아입는 옷이 얼마나 고운지도 그때 알게 되었지.

그런데 가장 좋았던 것은 무엇보다 산에 가면 어디에 있을 때보다 마음이 평안해진다는 사실이었어. 머릿속이 복잡하고 걱정이 많을 때 산에 가면 올라가는 동안 저절로 고민이 정리되는 놀라운 경험도 여러 차례 했다. 그래서 이제는 시간만 나면 산에 간다. 바빠서 일주일에 한 번도 못갈 때도 있지만 그래도 틈틈이 산에 가서 복잡한 마음과 찌든 몸을 다스리지.

맨 처음에 샘이 산에 갔던 것은 살 빼라는 엄마의 잔소리 때문이었다. 이것은 '엄마의 잔소리'라는 '외적 동기'다. 그렇지만 자꾸 가다 보니 살도 빠지고 정신도 맑아지고 마음도 편안해지는 등 여러 좋은 점이 있다는 것을 깨닫게 됐어. 그래서 이제는 아무도 나에게 산에 가라고 하지 않지만 스스로 간다. 이것이 '내적 동기'다. 내적 동기란 나 스스로 무언가를 하려는 내면의 힘이다.

너희가 무기력을 털어버리고 공부에 몰두하려면 이처럼 외적 동기가 내적 동기로 바뀌는 경험이 필요하다. 이걸 그림으로 표현한다면 다음과 같이 되겠지.

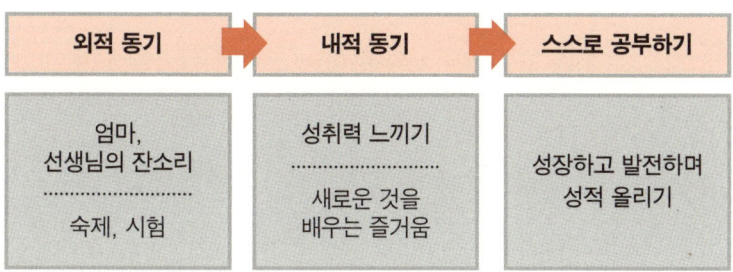

외적 동기	내적 동기	스스로 공부하기
엄마, 선생님의 잔소리 ……………………… 숙제, 시험	성취력 느끼기 ……………………… 새로운 것을 배우는 즐거움	성장하고 발전하며 성적 올리기

　외적 동기가 내적 동기가 되기까지는 많은 시간이 걸릴 뿐 아니라 많은 고통도 따른다. 샘이 매일 엄마를 원망하며 죽기 살기로 산을 올랐던 것처럼 말이지. 하지만 네가 내적 동기를 발견하기만 하면 그때부터 공부는 괴로움이 아니라 즐거움으로 바뀌는 기적이 일어난다.

　무기력의 증상이 뭐든 좋아하는 게 없는 것이긴 하지만 곰곰이 생각해보면 그래도 '이것만큼은 나 혼자 할 수 있다. 이 정도는 나 스스로 컨트롤할 수 있다'는 게 있기 마련이다. 그게 어떤 것이든 괜찮다. 일단 그걸 열심히 해보자. 그리고 작은 성취를 느끼자. 아침에 엄마가 깨워줄 때까지 기다리지 말고 혼자 일어나기, 학원 선생님이 짜주는 대로 따라 하지 말고 나만의 시험계획표 짜보기, 시험과 상관없이 내가 하고 싶은 과목의 공부시간 늘리기 등을 권한다.

그러다 시험에 실패하면 어떻게 하느냐고? 시험 한 번 실패하는 것쯤은 아무것도 아냐. 네 앞에는 아직 수많은 시험이 남아 있잖니. 지금 실패를 무릅쓰면 오히려 너는 입시에 성공할 확률이 높아진다. 하지만 만일 지금 실패가 두려워 무기력하게 끌려다니면 입시에는 반드시 실패한다. 입시는 너무나 치열해서 무기력한 사람에게는 절대로 기회를 주지 않기 때문이다.

엄마가 도무지 너 스스로 하는 것을 허락지 않으신다고? 네 인생은 네 것이다. 언제까지 엄마한테 모든 결정권을 일임하고 네 인생의 처분을 맡길래? 엄마를 설득하고 이해를 구해서 반드시 너의 선택권을 넓혀야 한다. 그래야 네 인생이 제자리를 잡는다. 갈등을 줄이기 위해서 엄마께 미리 계획을 알려드리고 협조해달라고 양해를 구하자. "엄마, 저 스스로 공부하려고 노력하고 있어요. 그래서 작은 것부터 스스로 해보려고요. 이번에 제가 계획한 것은 이런 거예요. 제가 무기력증을 고치도록 도와주세요."

엄마, 감격해서 교회에 감사헌금 내실 거다.

무기력을 이겨내는 키워드 2: 도파민

도파민은 사람을 흥분시키고 행복감을 느끼게 하는 신경전달물질인데 인체 내에서 고도의 정신기능이나 창조기능을 담당하는 호르몬이다. 미세한 운동조절기능도 맡고 있어 부족하면 파킨슨병에 걸리기도 하지. 그런데 다른 호르몬과는 달리 도파민의 가장 큰 특징은 놀랍게도 마약과 비슷한 중독기능이 있다는 것이다. 호르몬이 중독성이 있다니 놀랍지?

운동회 달리기에서 1등을 했을 때 우리는 펄쩍펄쩍 뛰며 기뻐한다. 월드컵에서 한국이 골을 넣었을 때나 응원하던 야구팀 선수가 홈런을 날렸을 때도 그렇다. 행복감으로 흥분한 상태가 되는 이때 우리 뇌에서는 도파민이 나온다. 사람마다 다르겠지만 샘은 강의를 성공적으로 끝내면 이 호르몬이 팍팍 나오는 것을 느낀다.

만일 네가 어떤 경험을 하면서 몸에서 도파민이 마구 쏟아지면 너의 뇌는 이 성취감을 다른 어떤 순간보다 짜릿하게 기억한다. 그리고 어려운 일이 생겨도 '예전에 느꼈던 그 기분 좋은 순간을 다시 한 번 맛보고 싶다'고 생각하면서 고통의 시간을 참아내지. 다시 한 번 도파민이 배출되기를 간절히 바라는 것이다. 어려운 시간을 참아내며 너는 생각한다. '지금은 힘들지만 이 시간이 지나면 커다란 행복이 기다리고 있어!'

네가 스스로 공부해서 시험 성적이 올랐다. 너는 네가 기특하다.

작은 성과이긴 하지만 스스로의 노력이 보상을 받았기 때문이다. 기뻐서 환호가 터져 나오는 이 순간에 네 몸에서는 도파민이 콸콸 쏟아진다. 짜릿하다. 너는 이 짜릿함에 중독된다. 그러면 다음 시험기간에는 견디기가 훨씬 쉬워진다. 이 어려운 시간이 끝나면 다시 그 짜릿함이 찾아올 것을 알기 때문이다.

이런 작은 성취들이 반복되어야만 학년이 높아져 중간고사, 기말고사 기간이 점점 길어져도 지치지 않고 공부할 수 있다. 그래야 지옥 같은 고등학교 3년을 버틸 수 있다. 그동안 많은 도파민 배출의 시간이 너를 견디게 하는 것이다. 네 마음속에 수많은 성공 경험이 각인돼 있다면 너를 입시라는 전쟁에서 이기게 해줄 가장 강력한 최첨단 무기가 될 것이다.

그런데 학원에서만 공부하는 학생은 이런 것을 가질 수가 없다. 학원 선생님이 짜준 계획표대로 공부하고 학원 선생님이 내준 문제만 풀었으니, 그렇게 의존적인 상황에서 무슨 도파민이 나오겠느냐고.

늘 학원과 엄마에게 끌려다니기만 해서 도파민이 부족하기 때문에 인지기능 저하와 무기력증을 동반한 우울증을 겪게 되는 거야. 도파민을 배출시키려면 너 스스로 계획하고 너 스스로 성취해야 한다. 그래야만 네 안에 공부를 견디는 힘과 에너지가 축적된다.

04

용기도,
인내심도 없다고?

이번에는 꼭 열심히 하겠다고 각오를 해도 어떤 일을 끝까지 해내기가 어렵고 쉽게 좌절하니? 친구가 너에 대해 약간이라도 기분 나쁜 말을 하면 상처를 많이 받는다고? 이런 너 자신이 싫어서 좌절감과 실망을 반복하고 있어? 그렇다면 너는 지금 용기와 인내심 부족증을 겪고 있다. 인지 능력에 빨간 불이 켜진 셈이지.

용기란 무엇일까? 두려움 없이 엄청나게 위대한 일을 하는 힘일까? 천만에! 우리 중 누구도 두려움 없이 엄청나게 위대한 일을 할 수 있는 힘을 가지고 태어나는 사람은 없다. 용기란 두려운 것을 두려워하지 않는 능력이 아니라 두려운 마음이 있더라도 멈추지 않고 목표한 것을 해나가는 능력이다. 또한 두려움을 극복하지 못하고 실패를 하더라도 그런 나를 사랑하고 이 현실을 대담하게 인정하는 능력이다.

세상에 완벽한 사람은 없다. 우리 눈에 완벽해 보이는 사람이라도 누구나 부족한 점은 있게 마련이거든. 예를 들어볼까? 에디슨은 불량한 태도 때문에 겨우 초등학생임에도 퇴학을 당했고, 아인슈타인은 고등학교 때 선생님한테 "아무짝에도 쓸모없는 인간 같으니라고"라는 말을 들었으며, 링컨은 수없이 파산하고 수없이 낙선했지. 아무리 대단한 사람이라도 누구나 단점이 있었고 어려움을 겪었단 얘기야. 그런데 위인도 아닌 우리가 단점이 있는 거야 당연하지 않겠니?

너는 어리기 때문에 실수를 하더라도 용서가 된다. 그러므로 실수를 한다는 건 사실 큰 문제가 되지 않아. 그렇지만 용기가 없으면 얘기가 달라지지. 용기가 부족하면 자신의 실수나 실패에 심하게 좌절하면서 계획한 것을 끝까지 해나가지 못하게 된다. 그리고 실패했다는 생각에 또 좌절을 하는 악순환이 계속되거든. 이런 악순환의 고리를 끊어야 해.

너는 이제 청소년이다. 청소년이 되었다는 건 자신의 인생을 책임질 준비를 할 나이가 되었다는 뜻이다. 그러니 어린애 같이 징징거리는 일은 이제 집어치워라. 네 실패는 다른 누구도 아닌 네 책임이고 그 결과 역시 네가 감당해야 한다.

용기와 인내심을 키우는 키워드 1: 작은 계획

인내심과 용기가 부족하다고 목표를 달성하지 못하는 것은 아니다. 인내심이 부족한 걸로 말하자면 샘을 따라갈 사람이 없는데(샘은 인생 좌우명이 '안 되면 말고'다), 이런 샘도 대학에 대학원까지 졸업하고 책을 몇 권째 내고 있는지 모른다. 잘난 척을 하는 게 아니라 누구에게나 목표를 이루는 것이 가능하다는 말을 하는 거야. 그러니 너도 어려운 목표를 달성할 수 있다는 얘기지. 네 목표가 손으로 잡을 수 있게 선명하기만 하다면 말이다.

시험 한 달 전에 시험범위가 발표된다. 그러면 너는 한 달 계획표를 짠다. 그리고 각오를 다지지. '이번에는 꼭 계획표대로 실천하고 말겠어!' 하지만 뜻대로 안 되지? 그럼 너는 실망하며 말한다. '또 실패했어. 아, 이제 어쩌지? 나는 역시 안 돼.'

하지만 말이야, 한 달 계획 같은 것은 암만 인내심 많은 어른이라도 실천하기 어려운 거야. 아빠가 금연계획에 번번이 실패하시는 거 봤지? 엄마가 언제 다이어트에 성공하시던? 계획을 실행하는 게 그토록 쉬운 일이라면 왜 사람들이 쉬지 않고 계획표를 만들겠니?

하지만 언제까지 실패한 계획표를 들고 좌절할 수는 없잖아. 계획을 성공시키려면 어떻게 해야 할까? 어떤 목표를 세우고 어떤 계획표를 만들어야 할까?

많은 학자가 연구한 바에 의하면 '학습자(학생)는 목표가 상세하고 분명해야 활동의 결과를 예상할 수 있고 행동을 더욱 효과적으로 통제할 수 있다'는 연구 결과가 있다. 네가 지금 계획을 실천하지 못하는 것은 너의 계획이 상세하고 분명하지 못하기 때문이지. 그래서 네 활동의 결과를 예상할 수 없고 네 행동을 통제하지 못하는 거야.

예를 한번 들어볼게.

오늘 공부할 것: 수학 두 시간. 영어 단어 외우기. 열공하자!

이런 계획은 전혀 상세하지 않기 때문에 네가 이것을 다 지켰을 때의 결과를 예측할 수 없고 네 행동을 통제하지 못한다. 네가 안 지켜도 너를 컨트롤할 방법이 없다는 말이다. 그러니 계획은 구체적으로 세워야 해. 예를 들면 다음과 같이 말이지.

야자 시간에: 쎈 수학 P45~56 풀고 틀린 문제 두 번씩 다시 보기.
독서실에서: 사회 교과서 P67 연표 외우기. 잘 외웠나 안 보고

그대로 적어보기.

영어 교과서 7과 단어 외우기.

집에서: 오늘 외운 단어 스스로 쪽지시험 보기

한 달 계획은 실행하기 어려워도 오늘 만든 계획을 실행하는 것은 할 만하지 않겠니? 계획을 자세하고 촘촘하게 짜라. 그리고 그것만 실행하는 거야. 일단 오늘 계획만 지키는 거다. 그 작은 계획을 실행했다면 얼마든지 너를 칭찬해도 좋아. 인간의 인내심은 하루아침에 늘어나지 않아. 하지만 그것도 습관의 문제이기 때문에 노력하면 얼마든지 좋아지지. 작은 계획을 하나하나 지키는 습관이 너를 인내심 많은 사람으로 만들어줄 것이다.

용기와 인내심을 키우는 키워드 2: 휴식

용기는 어떤 것을 해내겠다는 의지다. 그리고 이 의지를 미는 힘은 인내심이다. 그러니까 용기와 인내심은 앞에서 끌고 뒤에서 미는 손수레와 같다. 물론 이 손수레의 주인은 너야. 네가 손수레를 끌고 비탈길을 오를 때, 네가 계속 걸어나갈 수 있도록 앞에서 끌어주는 것은 용기고 손수레의 뒤를 밀어주는 것은 인내심이라는 말이다. 그런데 가다 보니 비탈길이 끝이 없다. 도무지 중간에 쉴 만한 곳이 보이지 않는다. 너는 힘이 들어 헐떡이고 있는데 쉴 곳이 전혀 없다. 그래서 너는 처음에 아무리 굳은 각오를 했더라도 얼마 못 가 지치고 만다.

전교 1등 학생들은 의외로 많이 논다. 주말에는 늘 농구공을 들고 운동장에서 사는 친구들도 자주 봤다. 서울대 입학생들 역시 "주말에는 반드시 놀았어요. 일주일에 하루는 꼭 쉬었어요. 고1 때까지는 열심히 놀았죠" 같은 믿을 수 없는 말을 했다. 그 얄미운 애들이 놀면서도 공부를 잘했던 이유는 무엇일까? 그 애들은 어디가 비탈길의 쉼터인지 알고 있었던 거야!

공부를 하겠다고 마음을 먹은 뒤 학생들은 일주일간의 계획표를 꼼꼼하게 짠다. 일단 하고 싶은 공부와 해야만 하는 공부 내용을 다 적는다. 일주일간 공부에 올인하는 계획표를 완성하고 나니 마음이 뿌듯하다. 그래, 이 계획표대로 실천만 한다면 100일 안에 서울대도 갈 것 같다!

계획표의 첫째 날은 어렵긴 하지만 그런대로 꾸역꾸역 지켰다. 약간 모자라는 부분은 내일 보충하기로 하고 보람찬 기분으로 잠자리에 든다. 그런데 둘째 날, 어제 못했던 부분을 보충하고 나니 하루의 절반이 휙 지나가 버렸다. 둘째 날 계획은 시작도 못 했는데 말이다. 급한 마음에 계획표를 지키려고 허겁지겁 서두르지만 이미 손은 허둥거리고 집중은 안 된다. '역시 나는 안 되는 것일까' 하는 마음이 스멀스멀 기어 나오려고 한다. 세 번째 날, 둘째 날 못한 것을 다시 시작할까 아니면 건너뛰고 셋째 날 계획을 시작할까를 고민하다가 하루가 허무하게 지나간다. 이래서 계획은 또 작심삼일이 되고 마는 것이다.

하지만 만약 수요일에 아무것도 하지 않기로 'day-off'를 설정해놨다면 얘기가 달라진다. 둘째 날 못한 것은 셋째 날인 수요일에 할 수 있으니 말이다. 수요일은 화요일까지 못한 것을 보충하는 날이다. 물론 화요일까지 모든 계획을 지켰다면 수요일은 신 나게 놀면 된다. 수요일에 놀았으니 에너지를 충전해서 목금토에 열심히 공부한다. 열심히 공부했더라도 지키지 못한 계획이 있겠지만 아무것도 안 하고 놀기로 한 일요일이 있으니 상관없다. 일요일은 신 나게 놀아도 되고, 못다 한 계획을 실행해도 된다.

너는 입시까지 무거운 손수레를 끌고 비탈길을 넘어야만 한다. 하지만 괜찮다. 이젠 쉼터가 어디에 있는지 알고 있기 때문이지. 이틀만 지나면 쉴 곳이 나온다. 사흘만 지나면 또 쉴 수 있다. 이렇게 쉴 곳이 있다면 너는 아무리 비탈이 가파를지라도 지치지 않고 오를 수 있을 것이다. 일주일에 이틀은 반드시 쉬어라. 쉬어야 더 멀리 갈 수 있다.

05

분노를
달랠 수 없는 너

엄마나 친구에게 'NO'라고 말하는 것이 힘들거나 네가 열 받았다는 사실을 남들에게 이야기하기가 두렵니? 너의 감정을 자연스럽게 드러내고 싶은데 언제나 격하게 화를 내게 되니? 그래서 네 감정을 감추면 감출수록 점점 분노가 쌓이는 기분이 든다고? 너는 지금 네 분노의 감정을 억압하느라 기를 쓰고 있다. 남들은 이해 못 하는 '삶에 대한 분노'라는 힘든 터널을 혼자 걷느라 진이 다 빠져 쓰러질 지경이지. 혼자 꾹꾹 참으며 분출되지 못한 응어리를 가슴속에 쌓아간다. 그러다가 결국 참지 못하고 폭발하게 되면 너는 또 후회하면서 자신을 원망하지. 왜 이렇게 마음속에 분노가 생길까? 왜 어떤 일에든 화가 나는 것일까?

마음속의 분노는 여러 이유로 생기지만 가장 대표적인 건 생활에 불만을 느끼기 때문이다. 자신의 생각을 이해해주지 못하는 주변 사람들 때문에 스트레스를 받거나 일상이 자기 마음대로 되지 않을 때 사람들은 분노를 경험한다. 너의 일상이 네가 마음먹은 대로 되지 않는다는 게 네 분노의 가장 큰 이유겠지. 또한 분노는 자신이 계획했던 일에서 실패를 맛봤을 때도 생긴다. 시험의 실패, 계획했던 일의 실패, 친구관계의 실패, 도전했던 과정에서 실패 등이 계속되면 사람의 마음속에서는 주변을 향한 분노가 솟아난다. 나의 노력이 이렇게 허무하게 아무 의미도 없이 끝난다는 사실 때문에 화가 나는 것이다.

다른 사람이 자신을 무시해서 자존심에 상처를 입었을 때에도 역시 분노가 생긴다. 사람은 누구나 자신을 사랑하는데, 상대방이 마땅히 존중받아야 할 나를 무시하고 깔아뭉개니 화가 날 수밖에 없다. 이런 분노는 때로 나를 무시했던 상대방을 공격하여 폭력을 저지르게도 한다. 마지막으로는 자신의 미래를 확신할 수 없어 불안할 때 마음속에 분노가 생긴다. 알 수 없는 미래가 자신을 위협한다고 생각되면 불안과 분노가 섞이면서 자신이나 주변 사람들에게 참을 수 없이 화가 나는 것이다.

너는 지금 이 모든 상황과 만나고 있다. 무엇이든 네 맘대로 되는 것은 없고, 시험에서 자꾸 실패하고, 엄마와 선생님과 친구들에게 무시당하고, 알 수 없는 미래 때문에 죽도록 불안한 너는, 도무지 화가 안 날 수 없는 상황인 거지. 이런 이유로 분노에 휩싸이게 되면 자신의 일을 미루거나 매사에 소극적으로 행동하기, 사람들을 피해 혼자 있기, 전혀 말을 하지 않기, 높은 목소리로 계속 말하기, 습관적으로 불평불만 늘어놓기, 짜증을 내며 이야기하기, 타인의 말에 말꼬리 달기… 등의 행동을 하게 되는데 이것은 모두 분노를 표출하는 방식이다.[5]

물론 분노라는 것은 누구에게나 일어나는 감정이다. 하지만 그렇다고 해서 이런 분노를 그냥 놔둬서는 안 된다. 왜냐하면 분노는 어떤 방식으로든 자신의 삶을 파괴하기 때문이다. 무엇보다 분노는 자신과 가장 친한 사람의 삶에 상처를 준다. 그뿐 아니라 분노는 자살이라는 극단적인 방법으로 자신의 삶을 파괴하기도 한다. 물론 이처럼 극단적인 행동까지 가는 예는 무척 드물다. 하지만 마음속에서 응어리진 분노는 폭식, 사물이나 사람에 대한 집착, 강박적인 행동, 신체적 통증, 악몽, 집중력 부족, 과잉행동(자기보다 약한 사람이나 동물을 괴롭히는)으로 나타나기도 하고 우울증을

---

5. 『사람풍경』, 김형경, 예담, 2006.

불러오는 예도 많다.

네가 지금 네 마음속에서 자라나는 분노를 제대로 표출하지 못한다면 너는 앞에서 열거한 괴물 같은 증상들과 일대일로 싸워야 한다. 분노가 커질수록 싸워야 할 적도 커지는 것이다. 그러니 분노를 빨리 밖으로 끄집어내야 한다. 용기를 내어 터널 밖으로 걸어나와라.

분노를 이겨내는 키워드 1: 10초 법칙

우리는 극도로 화가 날 때 자신의 의견을 제대로 표현하기 힘들다. 그것은 아이나 어른이나 마찬가지다. 화가 날 때는 자신의 감정을 제어할 수 없기 때문에 입에서 튀어나오는 말도 엉망이 되기 일쑤다. 그래서 화가 날 때 사람들은 아무 말도 하지 못하고 끙끙 앓거나 거품을 물며 소리를 지르기도 하지. 하지만 화가 날 때마다 이런 식으로 이야기해서는 누구와도 올바른 의사소통을 할 수 없고, 자신의 의견을 제대로 전달하지 못해 주변 사람과 늘 갈등을 빚게 된다.

자신의 분노를 잘 다스리고 더 즐거운 인생을 만들기 위해서는 더도 말고 10초만 기다리면 된다. 일단 화가 나면 가만히 10초간 '멈춤' 상태가 되는 것이다. 그런 너를 보며 상대방은 놀랄 것이다. 지금 화를 내야 할 시점인데 네가 조용히 가만있으니 의아스러운 거지. 너는 아무 말도 안 하고 기선을 제압해야 한다. 이 10초간 숨을 크게 쉬면서 앞으로 할 말을 생각해라. 뇌를 재빨리 이성적으로 작동시켜 어떤 말을 해야 멋지게 보일까를 궁리하는 것이다. 그리고 이 10초 동안 '과연 내가 6개월 후에도 이 문제로 화를 내고 있을까?'를 한번 따져봐라. 친구가 내 BB크림을 바른 것, 동생이 내 '북쪽얼굴'을 입고 나간 것, 엄마가 내 일기장을 펼쳐본 것 때문에 내가 6개월 후에도 화를 내고 있을지 말이다. 그래, 나는 6개월 후라면 그 문제로 화를 내고 있지는 않을 것이다. 그렇다면 이것이 지금은 화를 낼 만한 일인지를 자신에게 다시 묻는 것이다.

물론 '뚜껑이 확 열렸을 때' 이런 이성적 생각을 하기란 쉽지 않다. 그렇더라도 이 '10초 멈춤'을 한번 작동시켜보면 의외로 쉽게 화가 가라앉는다는 것을 느낄 것이다. 크게 숨을 쉬면서 아무 말도 하지 않고 가만히 서서 '6개월 후에도 이 문제로 화를 내고 있을 것인가?'를 따져본 후에 조용한 목소리로 이렇게 말하자.

"싫어. 미안하지만 안 갈래."

"지금 화가 나니까 조금만 있다가 얘기하자."

"제 생각은 달라요. 생각해볼 시간을 주세요."

화를 내면서 소리를 지르는 것이 아니라 흥분을 가라앉히고 차분히 말하는 거다. 앗! 그런데 의외로 상대방이 순순히 내 말을 받아들인다. 내가 소리를 지를 때면 더 큰 소리로 잔소리를 하시던 엄마조차 내가 조용하게 내 생각을 말하자 의외로 알겠다고 말씀하시는 거다. 우리는 보통 목소리가 크면 그 말이 힘을 가질 것으로 생각하지만, 사실 조용하게 전달하는 말이 더 파워가 세다(어느 조직이든 진짜 우두머리들은 소리를 지르지 않는다).

분노로 몸이 뜨거워져 입으로 불꽃 숯이 튀어나오려 할 때, 머릿속 멈춤 버튼을 클릭해 10초만 고요 속에 놔두자. 10초간 가슴속에 숨어 있다가 입 밖으로 나와, 차분히 툭 뱉어진 너의 말은 초강력 슈퍼 울트라 파워를 가졌을 테니 말이다.

자, 이제 너는 어려운 뜀틀 하나를 훌쩍 뛰어넘었다.

분노를 이겨내는 키워드 2: 편지

몇 해 전 버지니아 공대에서 한국인 학생이 총기를 난사한 사건이 있었다. 그 사건 이후 매스컴은 하나같이 그 학생이 얌전하고 매우 모범적이었다는 주변인들의 인터뷰를 내보냈지. 그렇게 조용했던 애가 어떻게 그런 일을 저질렀는지 도무지 이해할 수 없다는 얘기들이었다. 그런데 한 가지 주목할 만한 것은 그 일이 있기 얼마 전에 그 학생이 자신이 듣는 작문 수업에서 쫓겨났다는 것이다. 수업시간에 너무 폭력적이고 잔인한 글을 써서 수업 분위기를 흐린다는 이유 때문이었어. 그 학생의 마음속에는 생활의 어려움이나 주변인들로부터 이해받지 못하는 울분이 분명 있었을 것이다.

그 학생은 글을 통해 그 울분과 화를 쏟아내고 싶어했지만 그마저
도 거절당했던 거야. 그래서 그 울분을 매우 폭력적인 방법으로 폭
발시키고자 했겠지. 만약 그 교수님이 학생의 이러한 마음을 알아
채고 이해해줬더라면 그렇게 큰 비극이 일어났을까? 만약 글을 통
해 괴로움을 토로할 수 있었다면 그렇게 큰 비극은 막을 수 있지
않았을까? 글이 사람을 치유하는 얼마나 큰 힘을 가졌는지 알고
있는 샘은, 이 학생을 생각하면 언제나 안타까운 마음이 든다.

마음속의 스트레스와 울분은 제때 토해내지 않으면 때로는 커다
란 비극이 되기도 한다. 너를 괴롭히거나 힘들게 하는 사람이 있
다면 그 사람한테 편지를 써라. 글로 토로하는 거야. 그 사람은 나
쁜 사람이 아니라 그저 너의 마음을 잘 모르는 사람일 뿐이다. 그
러니 그에게 너의 마음을 알리면 상대는 너를 훨씬 잘 이해하게 되
고 그래서 자신의 행동을 바꿀 수 있다. 또한 네 속에 있는 울분과
억울함은 네가 글로 쓰는 만큼 사라진다.

편지를 쓰라니…. 손발이 오그라든다고? 하지만 샘이 권해주는
편지는 연애편지가 아니다. 이 편지에는 공식이 있다. 너는 그저
공식대로 따르기만 하면 된다.

1. 일단 네가 편지를 쓰게 된 이유를 쓴다. "이 편지를 쓰는 것은
   내가 그동안 많이 속이 상해서 내 마음을 너에게 알리려고 쓰

는 것이다"와 같이 짧게 쓴다.

2. 그동안 네가 힘들었던 것을 번호를 매겨가며 쓴다(① 네가 나한테 '빙신, 또라이' 같은 말을 해서 상처받았다. ② 네가 친구들한테 내 욕을 해서 속이 상했다. ③ 네가 맨날 나한테만 돈을 내라고 해서 힘들다). 이때 '네가 싫다 또는 너는 이상하다'라는 식으로 비난하면서 쓰지 말고 '나는 속이 상하다 또는 나는 힘들다'처럼 네 입장을 쓴다.

3. 상대방이 고쳐주었으면 하는 행동을 차례대로 쓴다(① 이제 나한테 욕을 쓰지 말아줘. ② 이제 매점 갈 때 나를 부르지 말아줘).

4. 마지막 부분에 '너와 싸우려는 게 아니라 더 잘 지내기 위해서 협조를 구하는 것이니까 이 편지를 받은 후에도 계속 좋은 친구가 되자'라고 네 진심을 담자.

이 편지를 받은 사람은 자신을 비난하려는 것이 아니라 네가 많이 힘들었다는 것을 알게 될 것이다. 그러므로 악마와 형제가 아닌 이상 너를 위해 자신의 행동을 교정하려고 노력하게 된다. 못 믿겠다고? 이건 세계적인 베스트셀러『화성에서 온 남자 금성에서 온 여자』에 소개되어 전 세계 사람들이 효과를 본 방법이다. 일단 믿고 시작해봐라. 편지 한 통으로 문제가 해결된다니 얼마나 기적 같은 일이냐? 상대방은 너를 이해하고 너는 스트레스가 말끔히 사라지고, 게다가 돈도 안 든다. 이런 걸 1석 3조라고 하는 거지.

이 방법은 친구들에게도 효과가 좋지만 특히 엄마한테 즉효다. 엄마는 이런 편지를 받으면 그동안 너에게 준 상처가 미안해서 울먹이며 행동을 반성하는 착한 사람들이다. 엄마와 싸우지 말고 편지를 써라.

스마트폰은 네 전두엽을
공격하는 발암물질이다

샘이 자랄 때에 비해서 너희는 훨씬 많은 시각정보에 노출되어 있다. 예전보다 TV 시청도 훨씬 많이 하고, 공부도 인강으로 하며, 컴퓨터와 만나는 시간이 어마어마한 것은 말할 것도 없거니와 스마트폰의 출현으로 손에 아예 시각 정보매체를 들고 있다. 이 때문에 너희의 시각정보 처리기능은 온종일 혹사당한다.

인간의 뇌에서 시각정보를 담당하는 것은 뒤쪽 뇌인 후두엽이다. 그런데 시각정보의 자극을 과도하게 받으면 후두엽이 비대해진다. 후두엽이 비대해지면 뇌의 나머지 부분들은 이런 생각을 한다. '앗! 후두엽이 저렇게 크다니. 나는 후두엽에 비해 매우 초라하구나. 나는 부족하구나, 흑흑.' 뇌의 다른 부분들은 사실상 전혀 문제가 없는데도 후두엽의 과부하로 각자가 맡은 역할을 제대로 해내지 못한다.

후두엽이 이렇게 과도하게 자극을 받으면 가장 먼저 전두엽이 퇴행한다. 전두엽은 각 부분에서 받아들인 정보를 모아서 현명하고 이성적인 결정을 내리는 뇌의 CEO 역할을 하는 곳이다. 이런 전두엽이 퇴행하면(정확하게는 퇴행이 아니라 후두엽이 과다자극되어 생긴 불균형이지만) 참을성이 없어지고 집중력이 떨어지며 쉽게 화를 내고 폭력적이 되거나 폭언을 일삼는, 그야말로 '비이성적인' 인간이 된다. 상황이 이러하니 공부를 열심히 해서 성적을 올린다는 것은 천부

당만부당한 말씀이다.

삼성병원 나덕렬 신경외과 교수가 쓴 『앞쪽형 인간』이라는 책에서 보면 앞쪽 뇌가 손상된, 즉 전두엽에 이상이 있는 환자들은 다음과 같은 특징을 보인다.

1. 눈앞의 충동에 매달린다.

2. 갑자기 화를 내고 감정조절을 하지 못한다.

3. 조급증을 보이기도 하지만 반대로 매우 게으르다.

4. 수동적이다.

5. 주위에 흥미가 없고 무관심하다.

6. 말수가 없어지고 운동을 안 하려고 한다.

7. 고집에 세고 융통성이 없다.

8. 독창적인 생각을 못 한다.

9. 일관성이 없고 산만하다.

10. 일과 미래에 대한 계획이 없다.

11. 남을 배려하는 능력이 떨어진다.

이 중에서 너를 이야기하는 것 같은 게 서너 개 이상이니? 그렇다면 너는 지금 후두엽의 자극으로 전두엽이 바르게 기능하지 못하고 있는 거야. 집에 있는 동안에는 컴퓨터, 핸드폰으로 게임과 검색을 하고, 쉬는 시간에는 핸드폰으로 카톡이나 애니팡을 하며 지냈다면 뇌가 심각하게 손상된다는 말이다.

더군다나 세계보건기구(WHO)는 핸드폰을 하루에 30분 이상 사용하면 핸드폰에서 나오는 전자파 때문에 뇌종양 발병 가능성이 높아진다면서 핸드폰을 발암물질로 분류했다는 사실도 있어(물론 핸드폰 업계는 반발하고 있지만). 지금 쓸데없는 문자와 수다 때문에 나중에 뇌종양 환자가 되어 있을 것을 상상해봐라. 그렇게 억울한 일이 어디 있니? 핸드폰은 이처럼 치명적으로 네 미래를 파괴하는 도구다.

공부를 할 때는 무조건 전화기를 끄자. 핸드폰을 손에 쥐고서는 절대로 공부에 집중할 수가 없다. 문자를 확인하는 시간은 5분도 안 되기 때문에 한 시간 공부하면서 문자 한 통을 확인하면 5분의 시간을 버렸다고 생각하겠지. 하지만 놀랍게도, 5분 동안 문자를 보내고 다시 공부에 집중하기까지는 20분이 넘는 시간이 필요하다. 한 시간에 문자 세 통만 받으면 너는 한 시간 동안 단 한 번도 공부에 집중을 못 한 셈이 되는 거야. 핸드폰으로 하는 게 문자뿐은 아니잖니? 쓸데없는 검색어를 확인하고 잠깐씩 게임하고 카톡을 두드리느라 버린 시간은 또 얼마겠어. 그 시간이 쌓이고 쌓여 너를 절대로 좋은 대학에 못 가게 하는 거대한 파도가 된다.

휴대폰은 꼭 필요할 때만 쓰면서 엄격하게 너와 분리하자. 휴대폰으로 남친 또는 여친, 베프와 수다를 떨 시간은 셀 수 없이 많이 남았다. 그 아까운 시간을 지금 사용하면서 공부에 쏟아야 할 귀한 시간을 갉아먹지 마라. 휴대폰과 멀어지면 멀어질수록 너의 집중력과 이해력은 수직상승할 것이다.

부모님의 믿음과 좋은 친구관계가
슬럼프를 이기게 했다

: 조민경(인천 문일여고 졸업. 서울대학교 정치외교학과)

**❝ 도저히 학원에 갈 시간이 없었다.
쉬는 시간 시간표까지 짰다. ❞**

한국 정치의 젊은 피가 되고 싶다고 당차게 말하는 조민경 양은 잠깐씩 영어 학원에 다닌 것을 제외하면 학원에 다닌 적이 없다. 학원에 다니지 않았던 가장 큰 이유는 그럴 시간이 없었기 때문이다. 혼자 공부할 시간도 부족한데 학원 수업 듣느라 시간을 다 쓰면 도대체 성적을 어떻게 올리느냐고 도리어 묻는다. 민경 양이 공부하는 방식은 주변의 친구들과 서로 격려하고 도움을 주고받는 것이었다.

: 공부를 잘했으니 공부 못하는 학생을 이해하기 어렵겠다

오히려 이해가 잘 됐다. 공부를 못하는 것은 안 하기 때문이다. 친구들이 영어 단어의 뜻을 물어볼 때 내가 얘기해주면 "너는 영어 잘해서 좋겠다"라고 말한다. 하지만 나는 하루도 빠지지 않고 매일 단어를 50개씩 외웠다. 단어를 외우는 것은 영어를 잘하는 기본이다. 그런데 친구들은 '영어를 잘하고 싶다'고 말만 하지 단어는 외우지 않는다. 그러니 당연히 영어를 잘할 수 없다. 공부를 못하는 것은 시간을 투자하지 않기 때문이다. 이 때문에 성적이 안 오르고 의욕이 안 생기는 악순환이 계속된다. 나는 공부에서 '질보다 양'을 믿는다.

: 어느 정도 공부하면 많이 공부했다고 할 수 있나?

고2 때까지 언어를 3등급 정도 받았다. 그런데 서울대를 목표로 하려면 언어 3등급은 심각한 문제였다. 언어를 올려야겠다고 마음먹은 다음에 내가 한 방법은 이런 것이다. 예를 들어 '님의 침묵'이라는 시를 공부할 때 선생님들께 출판사가 다른 참고서 4~5종을 빌려서 그 부분을 다 복사했다. 그리고 그것들을 샅샅이 봤다. 중간고사 때 1등급을 목표로 했기 때문에 3등급을 받은 거였다. 100점을 목표로 공부해서는 절대 100점을 받을 수 없다. 120점을 목표로 넘치게, 넘치게 공부해야 100점을 받을 수 있다. 이런 공부 방법으로 중간고사 때까지 3등급이었던 내신이 기말고사 때 1등급으로 올라섰다. 모든 과목을 이런 식으로 공부하는데 어떻게 학원을 간단 말인가? 도저히 학원에 갈 시간이 없었다.

: 학교생활은 어땠나?

나는 모든 선생님을 좋아했다. 절대로 선생님을 적으로 바라봐서는 안된다. 선생님을 적으로 바라보면 수업시간이 싫어진다. 수업시간이 싫어지면 결국 공부가 싫어진다. 당연히 공부에 집중할 수가 없다. 나는 선생님이 좋았으니까 수업시간에 대답을 열심히 했고, 수업시간에 열심히 대답을 하니까 졸리지 않았다. 아이들이 다 욕하고 무서워하는 선생님도 그 선생님의 좋은 점만 보려고 했다. 공부하다가 모르는 것이 있으면 적어두었다가 쉬는 시간에 교무실로 내려갔다. 오죽하면 친구들이 '문일여고 선생님들은 전부 조민경 과외 선생님이다'라는 말도 했다. 선생님을 좋아하니 공부가 덜 힘들었다.

: 선생님이 귀찮아하시지는 않나?

　문제를 들고 가면 선생님이 싫어하실 거라 생각하는 것은 정말 엄청난 착각이다. 학교 선생님들은 '모르는 것이 있을 때 학원 선생님한테 가지 않고 나에게 물으러 왔다'는 데 보람과 기쁨을 느끼신다. 잘 협조해주실 수밖에 없다. 잡담하며 보내기 쉬운 시간을 효율적으로 이용하는 방법이기도 하다. 사실 쉬는 시간은 그냥 버리기엔 너무나 아까운 시간이다. 학교에서 보내는 쉬는 시간과 점심시간, 청소시간을 합치면 화장실 가고 잠깐씩 자는 시간을 빼더라도 100분 정도는 확보할 수 있다. 100분이 얼마나 많은 시간인가? 나는 쉬는 시간에 주로 수학을 풀었다. 다른 과목은 연계해서 쭉 봐야 하지만 수학은 한 문제씩 나누어져 있으니까 10분이면 생각보다 많은 문제를 풀 수 있다. 덕분에 다른 친구들이 수학을 푸는 야자시간에 나는 다른 공부를 할 수 있었다.

　그런데 쉬는 시간에 공부하는 것은 힘들고 외롭다. 그래서 같이 공부하자고 친구들을 꾀었다. 인문계에 온 친구들은 다 대학을 목표로 하니까 같이 공부하자고 할 때 싫다고 거부하는 친구들보다는 좋아하는 친구들이 많았다. 쉬는 시간에 공부할 양을 정해 같이 공부하는 분위기를 만들었다. 서로 협조하고 물어봐 주고 격려해줬다. 점심시간에 줄 서 있을 때도 화학 공식, 역사 연도 같은 것을 서로 물어봤다. 친구들과 잘 지내는 것이 슬럼프를 극복하는 데도 큰 도움이 되었다.

: 슬럼프가 언제 왔나?

고3 2학기 때 슬럼프를 크게 겪었다. 고1~2 때는 그냥 앞만 보고 열심히 공부했는데 고3 여름방학이 끝나고 난 후 갑자기 맥이 탁 풀리면서 아무것도 하고 싶지 않았다. 정말 중요한 시기인데 수능이 얼마 남지 않은 시점에서 슬럼프가 와서 너무나 힘들었다. 집중하지 못하고 시간을 허비하면서 나 자신을 원망하기도 했다(민경 양이 눈물을 보였다). 슬럼프가 오는 이유는 불확실한 미래 때문이다. 너무나 불확실한 미래 때문에 불안이 극에 달하는 순간에 슬럼프가 온다. 이때 부모님의 도움이 매우 컸다. 부모님은, 나는 못 믿는 불확실한 나의 미래를 확신을 가지고 믿어주셨고 너는 할 수 있다고 말씀해주셨다. 나중에 대학에 합격하고 물어보니까 엄마 아빠도 그때 정말 불안했다고 하시더라(웃음). 마음을 다시 잡는 데 부모님이 뒤에서 믿어주시는 게 가장 큰 힘이 되었다.

위시리스트를 만들면서 마음을 다스리기도 했다. '보고 싶은 드라마 하루에 몰아서 보기' 같은 것을 썼다. 대학 가면 하고 싶은 것을 100가지는 쓴 것 같다. 후배들한테 해주고 싶은 이야기는, 지금은 하고 싶은 것들이 졸업하고 막상 해보면 다 시시한 것들이라는 점이다. 시험 끝나고 '미드 시즌 1'을 하루에 다 몰아서 보기도 하고 게임도 정말 많이 했는데 실제로 해보니 다 시시했다. 물론 지금은 공부 말고 다른 것은 다 재미있게 느껴질 것이다. 고3 때는 심지어 9시 뉴스도 재미있다(웃음). 그렇지만 조금만 참으면 얼마든지 다 할 수 있는 시시한 것들이니, 나중에 얼마든지 할 수 있는 것들을 하면서 시간을 낭비하지 말라고 얘기해주고 싶다.

: 시간표를 어떻게 짜고 어떻게 지켰나?

일단 일주일 계획을 대략 짠다. 어떤 과목을 어느 요일에 하겠다는 것을 적는 일주일 계획표가 있다. 그다음에 매일 아침 일찍 일어나서 오늘 하루 공부할 것을 적었다. 아주아주 세세하고 꼼꼼하게 짰다. 0교시에 무얼 하고 야자시간에 무얼 하고 쉬는 시간에 무얼 할지까지 자세하게 적었다. 그 계획표를 책상 위에 항상 펴놓고 있었다. 그리고 내가 얼마나 잘 지켰는지를 계속 표시했다. 못 지켰을 때는 X, 반만 지켰을 때는 △, 잘 지켰을 때는 ○, 이런 식으로 표시했다. 그럼 오늘 얼마나 집중을 잘 했는지 알 수 있고 앞으로 무엇을 해야 하는지도 한눈에 알 수 있다. 계획표를 자세하게 짜는 것이 공부의 기본이다. 공부를 잘하고 싶다면 하루 계획을 자세하게 세우고 잘 지켜야 한다.

수능 3교시 언어 영역

문법은 문법책을 사서 통째로 외웠다. 이 부분은 무식하게 했다. 문법책에서 공부한 내용을 노트에 다 적었다. 이때 예문도 같이 쓰고 외웠다. 문법 이론은 머리로만 알고 있으면 적용이 안 되는 경우가 많은데 예문을 외워두면 실제 문제 풀 때 정말 많은 도움이 된다.

듣기는 CD가 들어 있는 토플책을 사서 전부 받아쓰기(dictation)했다. 정말 고되고 귀찮은 작업이기는 한데 한 권을 다 쓰고 나면 듣기가 어느 정도 완성된다. 특히 아직은 시간이 많은 중학생에게 이 방법을 적극 추천한다.

리딩은 매일 15지문씩 풀었다. EBS에서 나온 '고득점 150제, 300제' 이런 걸로 10일, 20일 목표를 정해서 끝냈는데 규칙적으로 하기만 하면 3년 동안 엄청나게 많은 문제집을 풀게 된다. 15지문이 너무 많으면 10지문만 해도 충분하다. 공부는 매일 꾸준히 무언가를 하는 게 중요하다. 물론 15지문을 풀고 그냥 끝나는 게 아니라 틀린 문제든 맞은 문제든 해설지를 펴서 각 지문에서 중요 어법 포인트와 모르는 단어를 잘 체크하고 꼭 외워야 한다. 이때 잘 안 외워지는 건 포스트 잇에 써서 책상에 붙여두었다. 학교 책상, 도서관 책상, 집 책상에 붙여두고 수시로 지나가면서 보고 다 외워지면 다른 내용의 포스트 잇으로 바꿨다.

15지문이 조금밖에 안 된다고 생각할지 모르겠지만 매일 하기란 정말 정말 힘든 일이다. 그럴 때 친구들과 먼저 끝내기 내기를 하거나 함께 미션 완수하기 등을 약속하면 덜 힘들다. 서로 의지하면서 공부하나 안 하나 감시도 하고, 의지도 심어주고, 모르는 것을 물어보기도 하면 친구관계도 돈독해진다. 주의할 점은 친구가 공부 안 한다고 나도 안심하고 퍼져선 안 된다는 것이다.

공부할 때 성취감을 못 느끼고 그냥 하면 정말 힘들다. 내가 세운 목표를 이뤄내는 과정에서 반드시 기쁨을 느껴야 한다. 그런 기쁨을 느끼게 되면 그때부터는 누가 공부하라고 하지 않아도 저절로 하게 된다.

– 임수현(서울대 경제학과)

4부

동기조절 능력: 희망을 만드는 공부 습관

01

뇌를 쌩쌩하게
깨우는 방법

어떤 일을 실행할 때 '동기'는 그 일을 추진시키고 끌어가는 엔진 역할을 한다. 비행기를 만든 것은 라이트 형제가 아니라 하늘을 날고 싶다는 인간의 강력한 동기였으며, 축음기를 제작한 것은 에디슨이 아니라 좋은 음악을 원할 때 듣고 싶다는 강력한 동기였다.

우리가 주변에서 만나게 되는 대부분의 성공한 사람들은 성공하겠다는 동기가 강력했던 사람들이다. 그러니 만약 네가 강력한 동기라는 초강력 모터만 장착한다면 너보다 IQ 높은 친구들을 보란 듯이 비웃으며 앞으로 달려나갈 수 있다.

공부하는 데 가장 혹사를 당하는 인간의 뇌는 반복적인 일에 가장 먼저 피곤을 느끼는 장기다. 반복해서 푸는 수학 문제나 반복적으로 외워야 하는 영어 단어에 우리가 빨리 지치는 이유는 그 일이 반복된다는 데 있다. 그런데 너희의 생활은 하루 365일이 반복이다. 매일 같은 시간에 일어나, 같은 학교에 가고, 같은 선생님을 만나, 같은 문제를 풀어야 하는 생활. 그렇게 반복하기 때문에 너의 뇌는 지금 12라운드를 쉬지 않고 뛴 권투선수처럼 널브러져 있다. 하지만 이 지쳐버린 뇌를 다시 쌩쌩하게 깨우는 방법이 하나 있기는 하다. 바로 호기심을 자극하는 것이다. 뇌는 반복에 지쳐서 죽은 낙지처럼 바닥에 붙어 있다가도 호기심이라는 요인이 들어오면 언제 그랬냐는 듯 벌떡 일어나 1초 만에 쌩쌩해지는 놀라운 존재다.

네가 만나는 과목들이 다 같이 시들하고 재미없더라도 그중 하나는 자신이 있거나 조금이라도 재미있는 것이 있을 것이다. 그 과목을 시발점으로 삼아라. 그 과목이 너를 살려줄 불씨다. 이번 시험에는 다른 과목은 제쳐놓고 그 과목 하나만 붙잡고 늘어져라. 내신이 걱정된다면 모의고사처럼 내신에 별 영향을 주지 않는 시험에서 이 방법을 써보자. 일단 다른 과목은 신경 쓰지 말고 재미있는 과목만 공부하는 거다.

다른 과목을 공부할 시간에 한 과목만 공부하니 시간이 남은 너는 네가 재미있어하는 그 과목을 더 깊이 공부할 수 있겠지? 평소에는 교과 내용을 적당히 외우고 시험을 보러 갔다면 이번에는 왜 이런 내용이 되었는지 원인과 결과도 꼼꼼하게 살펴봐라. 그리고 참고서에 있는 내용 이외에 보충해야 할 것은 없는지 다른 책을 찾아보거나 선생님께도 여쭤봐라. 물론 다른 과목 다 팽개쳐두고 한 과목만 공부한다는 게 불안하고 무섭겠지만 이번 시험의 네 목표는 이 한 과목의 성적을 올리는 것으로 정했으므로 부모님께도 말씀드려서 양해를 구하고 네 불안함을 다독여주어라.

자, 드디어 시험 결과가 발표되었다. 너는 한 과목에만 집중했으므로 다른 과목 성적은 신경 쓸 필요가 없다. 네가 집중했던 그 과목 성적만 살펴보자. 네가 집중해서 공부했던 그 과목은 반드시 성적이 올라 있을 것이다. 이제 다음 시험에서는 한 과목을 추가하고 다음 시험에서는 한 과목을 더 추가하는 식으로 너의 성적을 리모델링하면 된다. 이 과정에서 너는 학업에 대한 호기심을 회복할 수 있다. 일단 시작하면 성적이 오른다는 것을 실감했기 때문이다.

이 방법은 샘이 학원에 있을 때 자주 쓰던 방법이다. 학원에 새로 오는 친구들이 다 열심히 공부해야겠다고 다짐하고 오면 좋겠지만, 엄마한테 억지로 끌려와서 축 처진 채로 나를 만나는 아이들도 많았다. 그때 나는 항상 이 방법을 제안했다. "다른 과목은 다

버려. 대신 한 과목만, 네가 제일 자신 있는 과목 하나만 올리자. 그게 이번 목표다."

이런 얘기를 들으면 처음에는 다른 과목을 다 공부하지 않아도 된다는 것에 신기해하거나 몹시 불안해한다. 그렇지만 일단 한 과목이니까 부담 없이 공부를 시작하지. 그 과정에서 거의 모든 아이가 그 과목에 호기심을 가지게 되고, 공부라는 것에 대해 처음 가져보는 호기심이 다른 과목으로 확장되었다. 이 방법은 처음에는 매우 위험해 보여서 몇몇 부모님이 반대하기도 했지만 매번 여지없이 성공을 거뒀다. 이제까지 공부에 대한 호기심이 없었던 이유는 할 게 너무 많으니 어디서부터 시작해야 할지 모르겠고, 또 대충 해봤자 어차피 성적도 안 오르니까 도무지 공부에 대한 호기심과 열정이 일어나지 않았기 때문이다.

수학 문제를 푸는 일은 지겹고 힘들다. 그렇지만 두 시간이고 세 시간이고 앉아 수학 문제를 풀고 있는 신기하고 이상한 애들도 분명히 있다. 이런 아이들은 왜 이런 어이없는 짓을 할까? 그저 우리랑 완전히 다른 인간이라서? 화성인이라? 천만에. 이 아이들에겐 수학에 대한 호기심이 끊임없이 솟아나기 때문이다. 이 문제가 왜 이런지, 결과가 어떻게 도출될지, 그 과정이 어떻게 전개될지 같은 문제에 호기심이 커서 몇 시간씩 앉아 수학 문제를 푸는 어이없는 짓을 하는 거다.

네 안에도 반드시 공부에 대한 호기심이 숨어 있다. 그럴 리 없다고? 그럴 리가 있다. 인간은 누구나 새로운 것을 배워서 스스로를 학습시키고 싶은 본연의 욕구가 있기 때문이다. 어떤 인간도 예외는 없다. 그러니 네 안에도 분명 무언가를 배우고 싶다는 욕구가 숨어 있다. 주변에서 너에게 너무 많은 학습을 강요했기 때문에 이 호기심과 열정이 지금 바닥에 들러붙었을 뿐이다. 네 안에 자고 있는 열정을 깨워라. 무언가를 스스로 배우고 싶다는 열정을 불러내야만 강력한 동기가 생기고 그 동기가 너를 공부로 이끌 것이다.

이제까지 수박 껍질만 핥던 공부 방법을 과감하게 버리고 공부의 적진 안으로 뛰어들어라. 일단 수박 껍질에 구멍을 내서 단맛을 보고 나면 나머지는 저절로 된다. 지금은 한 과목만 파는 거다. 그게 수박 껍질을 깨는 방법이다. 그리고 그 자신감으로 수박을 빠개는 거다.

02

불안에 맞서 싸워 이기는 방법

불안과 공포의 차이점이 뭘까? 공포는 대상이 있다는 것이고 불안은 대상이 존재하지 않는다는 것이다. 귀신이 무섭다는 것은 공포다. 귀신이라는 대상이 있으니까. 그러나 네가 가지고 있는 미래에 대한 불안은 그게 아무리 거대하고 엄청나다고 해도 구체적인 대상이 없다. 대상이 없다는 것은 다시 말해 싸워야 할 존재가 없다는 말이다. 네가 지금 미래를 불안해하고 있다면, 너는 지금 상대도 없는데 혼자 허공에 주먹을 날리며 열심히 싸우고 있는 셈이다.

불안은 여러 가지 요인으로 우리에게 온다. 첫째, 일상생활 속에서 불안이 습득된다. 뉴스에 사고나 전쟁, 지진으로 많은 사람이 죽거나 다치는 것을 보면 나에게도 혹시 저런 일이 일어나지 않을까 하면서 불안이 생긴다. 둘째, 대인관계에서 생긴다. 오해나 갈등, 싸움 등으로 가족이나 친구들과 문제가 생기면 나만 외톨이가 된 것 같고 모두 나를 미워하는 것 같은 불안이 자연스럽게 생기기 마련이다. 셋째, 열등의식 때문에 생긴다. 우리나라처럼 아이의 가치를 성적으로만 평가하는 사회에서는 너의 성적이 가족이나 주변의 기대에 미치지 못한다고 생각할 때 이것이 불안으로 나타난다. 자신이 속한 사회 안에서 사랑을 받지 못하고 열등감을 느끼게 되면 극도로 불안해지는 것이다. 마지막으로는 너의 정서적 긴장(스트레스)이 적정한 배출구를 찾지 못하고 축적되면 이것이 불안으로 나타난다. 이 경우는 불안의 정도가 매우 강한 것이 특징이다.

이런저런 이유로 네 안에 쌓여 있는 불안은 너의 성적에 어떤 영향을 미칠까? 불안에 관해서는 수잔 스펜서라는 학자가 집중적으로 연구했는데, 이에 따르면 약간의 불안은 학업에 긍정적인 영향을 미치기도 한다. 불안이 목표를 획득하는 데 속도를 내게 하기 때문이다. 하지만 불안 수치가 높아지면 부정적인 영향이 훨씬 많다. 평균 IQ를 가진 학생 중 불안이 높은 학생이 불안이 낮은 학생보다 학업 성취도가 훨씬 떨어졌다. 또한 불안이 높은 학생의 실패율이 불안이 낮은 학생보다 네 배나 높았다.[6]

어느 정도의 불안은 집중을 도와주기도 하지만 네 맘속에 불안이 활활 타고 있다면 그것이 너의 실패를 앞당기게 될 것이다. 불안이 많은 사람은 어려움에 처하면 문제를 자신에게서 찾으려 하지 않고 주변 사람을 원망하며 시간을 보낸다. 또한 불안한 사람은 다른 사람이 나를 어떻게 생각하는지에 크게 신경을 쓴다. 다른 사람이 나를 어떻게 생각할지에 시간과 에너지를 쓰다 보니 비계획적이고 비효율적이 되어 결과적으로 낮은 점수를 받을 수밖에 없다. 이럴 때 자기 자신을 책망하고 주변을 원망하며 또 나머지 시간을 보낸다. 이런 삶이 반복되면 공부에 실패할 뿐만 아니라 인생에 실패하는 찌질이가 되는 것이다.

아직도 100년 가까이 남은 너의 인생을, 대상도 없는 불안만 가득 안고서 남을 원망이나 하면서 한심하게 살 수는 없는 것 아니니? 지금 너를 불안하게 하는 것이 무엇인지 일단 적어보자.

1. 성적이 떨어질까 봐 불안하다. → 지금 공부를 하면 성적이 올라간다.

---

6. 『학교교육심리학』, 윤형률, 형설출판사, 2002.

2. 좋은 대학에 못 갈까 봐 불안하다. → 지금부터 열심히 공부하는 것보다 더 좋은 방법은 없다. 아직 시간이 많이 남았으니 좋은 대학에 가는 것은 얼마든지 가능하다.

3. 부모님을 실망시킬까 봐 불안하다. → 부모님은 지금 공부하지 않고 방황하는 내 모습에 더 실망하신다.

4. 나중에 백수가 될까 봐 불안하다. → 나중에 어떤 일을 하는 사람이 될지는 일단 대학에 가고 난 뒤에 걱정해도 된다.

지금 너를 괴롭히고 있는 것이 구체적으로 어떤 부분인지 하나씩 적다 보면 사실 별로 두려워할 것이 아니었음을 알게 된다. 눈에 안 보여서 거대하게 느껴지던 것이 눈앞에 펼쳐놓고 보니 별것도 아니잖니.

해답은 아주 가까이에 있다. 지금 네가 집중해서 공부하면 다 한방에 날려버릴 수 있는 불안들이라는 거다. 불안에 몰두하고 있어서는 집중할 수가 없다. 집중이 안 되므로 공부를 안 하고 있다는 불안이 계속 커진다. 불안이 커지면 커질수록 공부에는 점점 더집중할 수가 없다. 이 악순환이 계속되면 너의 성적은 바닥을 향해 계속 추락할 것이고 너의 실패 확률은 높아만 갈 것이다. 하지만 네가 지금 너를 잠식하려는 불안에 어퍼컷을 한 방 먹이고 공부에 집중한다면 너의 불안은 점점 강도가 약해지고 확신이 그 자리를 채울 것이다. 그러면 너의 실패 확률은 매일 줄어들 것이다. 미래에 대한 불안과 초조함으로 시간을 낭비하고 있다면, 바로 그 시간이 너의 실패를 불러오는 원인이 된다는 것을 잊지 마라.

불안에 대항해서 싸우는 방법은 하나뿐이다. 불안을 무시하고 그저 지금 너의 계획을 묵묵히 실행하는 일, 이게 불안과 싸워 이기는 가장 확실한 방법이다. 알 수 없는 불안이 맘속에서 스멀스멀 기어 나오거들랑 네가 불안해하는 것들을 종이에 적어라. 그리고 그 종이를 확 구겨서 창문 밖으로 집어 던져라(불을 확 붙여도 된다). 그리고 이렇게 외치는 거다.

"너, 다시는 나한테 오지 마! 난 너 없이 잘 살 거야!"

03

성공으로 가는 열쇠를
손에 쥐는 방법

성공하기 위해서는 자기 자신을 알아야 한다. 분수를 알고 눈을 낮추라는 이야기가 아니다. 자신의 열정과 재능을 정확하게 알아야 한다는 의미다.

여기에 두 명의 아이가 있다. A라는 아이는 가수가 되고자 하는 열정이 하늘을 찌른다. 하지만 아무리 살펴봐도 노래와 춤, 인기 가수가 될 만한 외모나 자질을 갖추지 못했다. 물론 자기 자신은 가수가 되겠다는 꿈이 너무 커서 계속 떨어져도 끝까지 가수 오디션에 도전해보겠다고 한다. B라는 아이는 노래도 잘하고 춤도 잘

추며 비주얼도 훌륭하다. 그래서 다른 사람들이 모두 가수 오디션에 나가보라고 권하는데 막상 자기 자신은 사람들 앞에 서는 것이 두렵고 싫어서 가수가 되길 원하지 않는다. 이 아이가 좋아하는 것은 책을 읽고 글을 쓰는 일이다. 그래서 남들이 오디션에 나가보라는 권유를 해도 별로 끌리지 않는다. 이 두 아이 중 가수가 될 수 있는 아이는 누구일까? 재능은 부족하지만 열정에 불타는 A? 아니면 가수가 되기를 원하지는 않지만 재능이 뛰어난 B?

정답은 '둘 다 가수가 될 수 없다'이다. 강한 열정만 가지고는 원하는 것을 얻을 수 없다. 또한 아무리 재능이 뛰어나도 강렬한 열정 없이는 경쟁의 정글에서 살아남을 수 없다. 가수가 될 수 있는 사람은, 더욱이 성공한 가수가 될 수 있는 사람은 뜨거운 열정과 뛰어난 재능 둘 다를 가지고 있는 사람이다.

자, 나를 다시 한 번 돌아보자. 재능이 부족한 일임에도 단지 거창한 포부만으로 덤비지는 않는지, 아니면 남들이 재능이 있다고 하니까 좋아하지도 않는 일을 하려고 하지는 않는지 말이다. 성공을 하고 높은 성취에 도달하려면 간절히 원하면서 뛰어나게 잘하는 일을 찾아야 한다.

아무리 생각해봐도 그런 일이 떠오르지 않는다고? 천만에. 네가 모를 뿐이지 조물주는 모든 사람에게 잘하고 좋아하는 일을 주셨다. 다만 지금 네가 알아차리지 못하고 있을 뿐이야. 조물주는 사람들의 인생을 재미난 숨바꼭질처럼 만들어놓고 네가 지금 조물주가 숨겨놓은 보물을 잘 찾고 있는지 지켜보고 있다. 너는 네 인생에 숨겨진 비밀을 알아내야 한다. 어떤 사람은 죽을 때까지 찾지 못할 수도 있지만, 이걸 빠르고 정확하게 찾아낼수록 인생의 성공에 더 쉽게 다가가게 된다. 물론 쉽지는 않다. 어떤 사람은 일곱 살에 이걸 발견하기도 하지만(이런 사람을 우리는 천재라고 부른다) 서른일곱 살이나 마흔일곱 살에도 발견하지 못하는 사람이 있다. 하루하루를 시시하게 사는 사람들이지.

　매일 시간이 날 때마다 지치지 말고 네가 강력하게 원하는 것은 무엇인지 생각하자. 또한 네가 재능이 있는 부분은 어떤 쪽일까도 최선을 다해서 생각하자. 네가 열정과 재능을 동시에 가지고 있는 '그것'을 찾아냈다면 너는 성공을 향한 열쇠를 손에 쥔 것이다.

　　내가 앞으로 전진할 수 있도록 도와준 힘은 바로 내가 사랑하는 일을 했기 때문이라고 확신합니다. 여러분은 여러분이 사랑하는 것을 찾아야 합니다. 이것은 마치 사랑하는 연인을 찾는 것과 똑같습니다. 여러분의 일은 여러분의 인생에 큰 부분을 채우게 될 것입니다.

　　진심으로 만족하는 유일한 방법은 여러분이 위대한 일을 하고 있다고 믿는 것입니다. 그리고 위대한 일을 하는 유일한 방법은 바로 여러분의 일을 사랑하는 겁니다. 만약 여러분이 사랑하는 일을 찾지 못했다면 계속 찾아보십시오. 안주하지 마세요. 여러분이 진정으로 사랑하는 일을 찾게 되면, 마음으로 하는 모든 일이 다 그렇듯이 여러분은 확실하게 알 수 있게 될 것입니다. 위대한 관계가 모두 그렇듯이 일과 여러분의 관계는 시간이 흐르면서 더욱 좋아질 것입니다. 그러므로 여러분은 계속 찾아보십시오. 안주하지 마세요.[7]

---

7. 스티브 잡스, 2005 스탠포드대학교 연설문 중.

04

더 웃고, 더 공감하고, 더 잘 놀아라

DNA 발견에 이바지한 공로로 노벨상을 받은 제임스 왓슨은 두뇌에 대해 다음과 같이 말했다. "뇌는 지금껏 우리가 이 세상에서 발견한 가장 복잡한 물건이다." 그렇다. 너의 뇌는 신이 만들어놓은 가장 복잡한 예술작품이며 인간이 끝없이 도전하는 미지의 영역이다.

인간의 힘으로 이제까지 해독해낸 뇌의 비밀에 의하면 인간의 좌뇌는 우리가 뇌에 기대하는 거의 모든 역할인 이성적, 분석적, 논리적 기능을 수행한다. 우리는 좌뇌를 잘 이용하고 많이 이용하는 인간을 머리가 좋은 인간이라고 생각한다. 사실 너희가 학교에서 하는 대부분의 공부도 좌뇌의 기능에 의존하고 있다. 그에 비해 우뇌는 감정과 관련된 일을 한다. 그래서 우리 사회는 아직도 좌뇌를 더 우월한 위치에 올려놓고 좌뇌형 재능을 키우라고 주장한다(의사, 변호사가 되라는 식으로). 예술적이고 심리적인 우뇌의 재능은 돈도 안 되고 직업을 구하기도 어려우므로 인정받지 못한다.

하지만 『새로운 미래가 온다』라는 세계적인 베스트셀러에 의하면 논리적 능력이 주목받는 디지털 정보화 시대는 점점 막을 내리고 창조적 능력과 공감 능력이 우대받는 하이 콘셉트(high-concept) 시대가 다가오고 있다. 그 책의 저자 다니엘 핑크는 하이 콘셉트 시대의 미래 인재에게 꼭 필요한 재능으로 '디자인, 조화, 공감, 놀이, 의미'를 꼽았다.[8] 더 빨리 계산하고 더 많이 외우는 사람이 아니라 주위 사람들과 공감하면서 잘 놀고 그 속에서 의미를 찾아 그 의미를 새롭게 디자인할 줄 아는 사람이 미래가 원하는 인재라고 말이다.

이미 많은 대학에서 이러한 기준으로 학생을 선발하고 많은 회사에서 이러한 기준에 맞춰 직원을 뽑고 있다. 세상이 이렇게 빠르게 달라지고 있다는 것을 모르는 학원과 엄마만이 아직도 좌뇌

---

8. 『새로운 미래가 온다』, 다니엘 핑크, 한국경제신문, 2006.

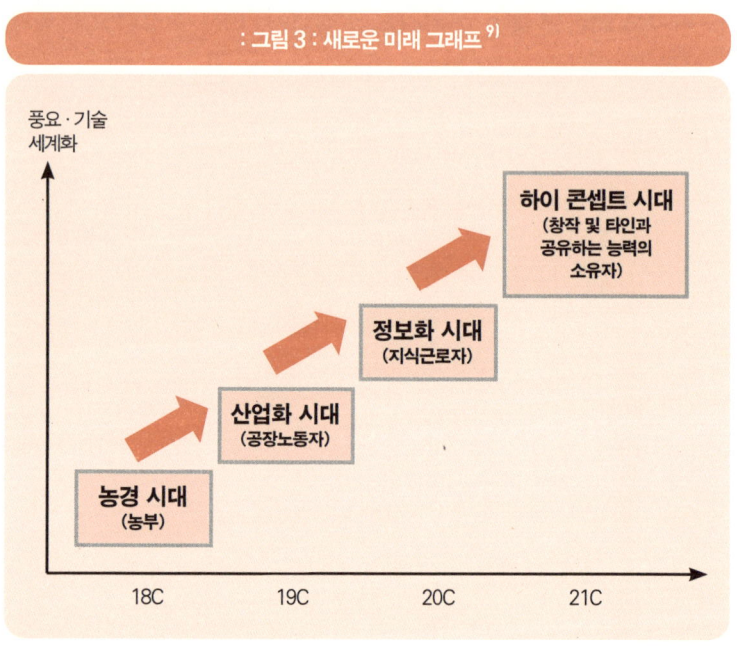

: 그림 3 : 새로운 미래 그래프 [9]

풍요 · 기술
세계화

하이 콘셉트 시대
(창작 및 타인과
공유하는 능력의
소유자)

정보화 시대
(지식근로자)

산업화 시대
(공장노동자)

농경 시대
(농부)

18C   19C   20C   21C

가 성공하는 세상이라고 굳게 믿고 있는 것이다.

아픈 친구를 보건실에 데려가고, 친구에서 준비물을 잘 빌려주며, 아프리카의 어린이들을 생각하며 가슴 아파하는 너는 21세기형 인재에 훨씬 가까운 사람이다. 인생은 누가 과녁을 더 빨리 맞히느냐의 게임이 아니다. 너무 어린 나이에 성공해버린 사람은 앞으로의 긴긴 인생에 내리막길만 남아 있으므로 나머지 인생이 행

9. 앞의 책.

복할 수 없다. 인생은 누가 과녁을 빨리 맞히느냐가 아니라 누가 과녁을 정확하게 맞히느냐의 게임이다.

더 많이 웃고, 더 많이 공감하고, 더 많이 대화하고, 더 잘 놀고, 어떻게 살아야 행복한 인생을 만들 수 있을까를 더 열심히 생각해라. 그리고 21세기형 인재인 너에게 다가올 미래를 가슴 쫙 펴고 맞아라.

05

꿈은 막연히가 아니라 현실처럼 꾸는 것

지금 네가 하고 싶다거나 되고 싶은 것이 있다면 그냥 막연히 '언젠가는 되겠지'라고 생각하지 말고 최선을 다해 너의 꿈을 현실화하자.

좋은 선생님이 되겠다고 꿈꾸고 있다면 막연하게 '나중에 선생님이 되겠다'고 생각하지 말고 네가 선생님이 된 모습을 최대한 구체적으로 그려보는 것이다. 처음 부임해서는 어떤 말을 하고 아이들에게는 어떤 수업을 할지, 어려움에 처한 학생에게 조언해주는 모습이나 스승의 날 제자들이 파티를 열어주는 것이나 만우절 날

학생들에게 골탕먹는 장면도 좋다. 어떤 것을 상상하든 네가 선생님이 되어서 하고 싶은 일을 꿈꿔보는 것이다. 그런데 이때 주의할 것은 모든 상황이 마치 이루어진 것처럼, 이미 일어난 것처럼 자세하고 명확해야 한다는 것이다. 너에게 인사했던 아이들의 얼굴도 명확하게 떠올려야 하고 네가 그때 입고 있던 옷까지 기억해야 한다. 엊저녁 드라마에서 본 것처럼, 지난주에 겪었던 일처럼 생생하게 그려라. 시간이 있을 때마다 심심할 때마다 말이다.

자꾸 이런 그림을 그리다 보면 너는 그 일이 실제로 일어난 일처럼 느껴질 때도 있을 텐데, 이건 다시 말해 네가 그 꿈에 한발 다가갔다는 말이다. 그리고 이 일이 현실처럼 자세하게 느껴질 때 공책에 적어라. "2022년 4월 5일. 처음 부임한 학교에서 아이들과 인사를 했다. 교장 선생님이 나를 소개해주실 때 아이들이 초롱초롱한 눈으로 나를 바라봤다. 아마 내 날씬한 몸매를 받쳐주는 살구색 원피스가 맘에 들었나 보다. 언제까지 저런 눈으로 나를 바라볼지 알 수 없지만 최선을 다해서 아이들을 가르치고 싶다. 나는 절대 우리 학교 국사 선생님처럼 아이들을 모조리 자게 만들지는 않을 것이다. 국사가 얼마나 재미있는 과목인데…. 반장이 일어나서 인사를 하는데 얼굴이 너무 귀엽다. 예뻐해주어야겠다."

네가 꿈을 생생하게 꿀수록 너는 무의식적으로 너의 미래를 이렇게 만들기 위해 노력하게 되고, 이때 생기는 긍정의 기운이 너의 미래를 바꾸는 것이다.

몇 년 전 출판계를 강타한 『시크릿』이라는 책의 내용이 바로 이것이다. 네가 강력하게 원하면 우주의 기운이 너를 도와준다는 것이지. "우주가 나를 도와준다니, 푸하하!" 하고 비웃을지도 모르지만, 꼭 그렇게 웃을 일만은 아니다. 네가 무언가를 강력하게 원한다면 너는 그 일을 이루기 위해 더 많이 노력하게 될 것이고 너의 노력은 주변 사람들의 눈에 띄게 된다. "저는요, 꼭 좋은 국사 선생님이 될 거예요" 같은 얘기를 여기저기 하다 보면 담임선생님이 국사학과에 들어가는 데 도움이 되는 정보를 주실 수도 있고 사람들 역시 너의 노력을 밀어줄 것이다. 이러한 기운들이 너를 국사 선생님이 되게 하는 것이다.

물론 아무 노력도 하지 않고 가만히 누워서 "교대를 갈 거다. 임용고시에 붙을 거다. 국사 선생님이 될 거다" 같은 말을 반복한다고 해서 국사 선생님이 될 수는 없다. 하지만 네가 간절하게 원한다면 반드시 주변에 그 일을 도와주는 기회나 사람을 만날 수 있다. 무엇보다 너의 노력이 너를 도와준다.

네가 알고 있는 수많은 위대한 인물들은 어쩌다 보니 위대해진 것이 아니다. 그 사람들은 자신의 꿈을 이루기 위해 끊임없이 노력했다. 왜냐하면 되고 싶고 이루고 싶은 것이 있었기 때문이다. 그들은 생생하게 꿈꿨다. 그래서 세계적인 감독 스티븐 스필버그는 말했지. "생생하게 꿈꾸면 이루어진다"고 말이야.

지금은 비록 답답한 교실에 갇혀 우울한 기분으로 교과서와 씨름하고 있지만, 언젠가는 저 큰 세상으로 나아가 넓은 세상에서 꿈과 재능을 펼치며 멋지게 살아가는 너를 생생하게 꿈꿔라. 지금보다 10킬로그램은 줄어든 날씬한 몸매와 여드름 자국이라고는 찾아볼 수 없는 매끈한 피부로 주변 사람들의 부러움 속에서 성공의 주인공이 될 그날을 생생하게 꿈꿔라. 그것만으로도 너는 그날에 한발 더 다가간다.

인생계획서

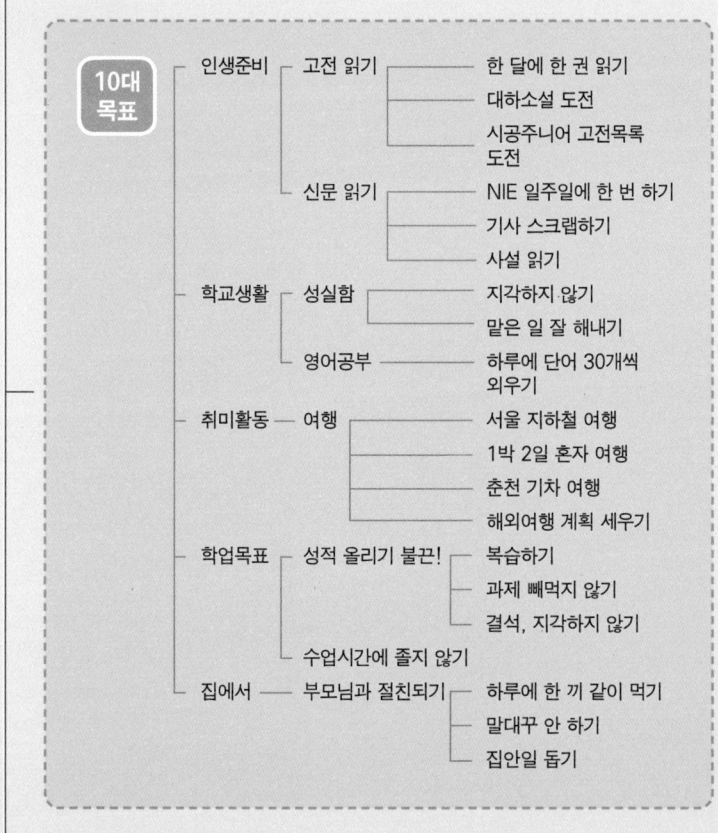

10대 목표	인생준비	고전 읽기	한 달에 한 권 읽기
			대하소설 도전
			시공주니어 고전목록 도전
		신문 읽기	NIE 일주일에 한 번 하기
			기사 스크랩하기
			사설 읽기
	학교생활	성실함	지각하지 않기
			맡은 일 잘 해내기
		영어공부	하루에 단어 30개씩 외우기
	취미활동	여행	서울 지하철 여행
			1박 2일 혼자 여행
			춘천 기차 여행
			해외여행 계획 세우기
	학업목표	성적 올리기 불끈!	복습하기
			과제 빼먹지 않기
			결석, 지각하지 않기
		수업시간에 졸지 않기	
	집에서	부모님과 절친되기	하루에 한 끼 같이 먹기
			말대꾸 안 하기
			집안일 돕기

10. 이민기, 생애 마인드맵 참고.

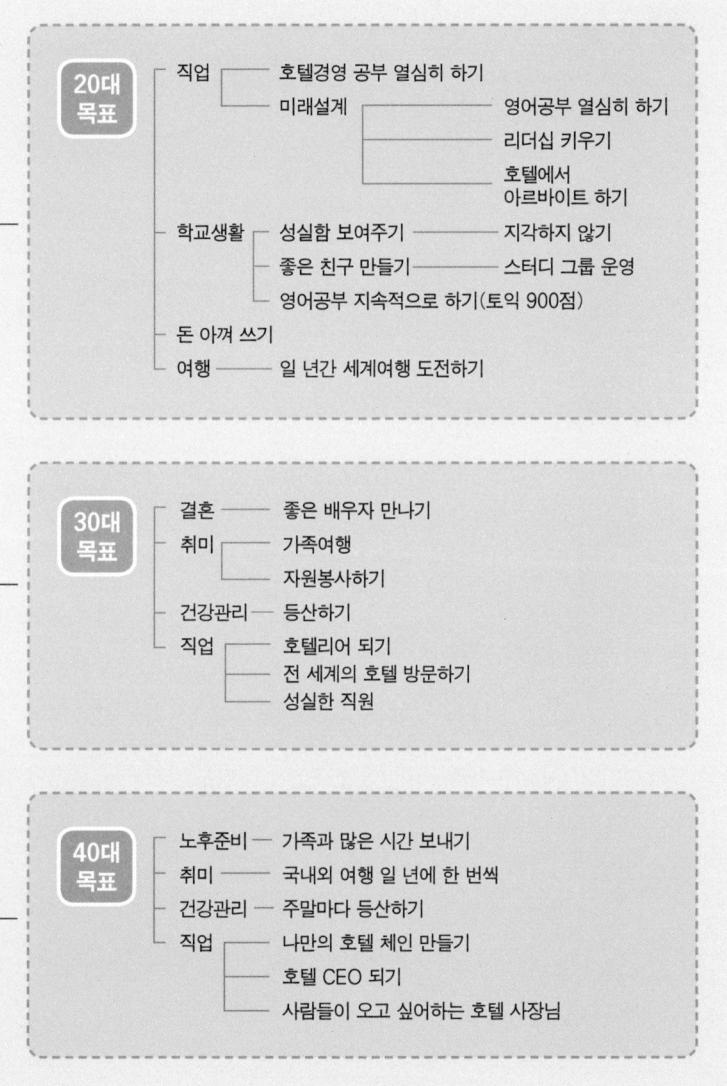

| 효정 샘의 톡톡 |

이상한 잠의 나라 앨리스

잠이 왜 필요한지는 알고 있지? 우리 몸은 온종일 많은 일을 하고 많은 양의 정보를 받아들인다. 그래서 피곤해진 몸은 잠을 자면서 휴식을 하고 다음 날 또 같은 일을 할 수 있도록 에너지를 축적하지. 하버드 대학의 수면학자인 클리프 세이퍼는 잠의 가장 큰 기능이 신경세포를 쉬게 하는 것이라면서 잠을 이렇게 정의했다. "칠판을 깨끗이 닦고 다음 날 다시 정보를 받아들일 수 있게 시냅스를 교체하는 것."[11]

인간은 자야 한다. 다음 날 활기차게 움직이려면 충분히 자야 한다. 그러나 너는 충분히 잘 수 없지? 정말 비인간적이다. 자라나는 꿈나무들을 잠도 충분히 못 자게 하다니! 이렇게 비인간적인 상황 속에서 너희는 청소년 적정 수면 시간인 아홉 시간(미국의 수면학자들과 심리학자들의 공동연구 결과에 의하면 청소년의 적정 수면시간은 아홉 시간이다! 청소년기에는 졸음을 느끼게 하는 호르몬인 멜라토닌의 분비가 많아지기 때문이다)에 터무니없이 모자라는 시간을 자면서 청소년기를 그야말로 '버텨내고' 있다.

---

11. 『십대들의 뇌에서는 무슨 일이 벌어지고 있나?』, 바버라 스트로치, 해나무, 2004.

고등학교 때 아침이면 절대 못 일어나는 나를 발로 차면서 우리 엄마는 말씀하셨지. "죽으면 실컷 잘 텐데 그만 좀 자고 일어나라, 굼벵아!" 샘은 발길질을 당하면서 기도했다. '하나님, 지금 시간이 멈춰서 두 시간만 더 잘 수 있다면 저는 평생 연애 한 번 못 해보고 살아도 괜찮아요.' 지금으로서는 하나님이 소원을 안 들어주셔서 얼마나 감사한지 모른다.

이렇게 잠이 부족한 채로 살아가는 너희에게는 어떤 일이 일어날까? 브라운 대학에서 실시한 '청소년의 수면 연구' 결과를 보면, 수면시간이 부족한 아이들은 슬픔이나 좌절감의 정도를 측정하는 테스트에서 높은 수치를 나타냈다. 같은 일에도 슬픔이나 좌절감 같은 본인의 부정적인 감정을 더 과장해서 느끼는 거지. 이런 감정 때문에 학업에 뒤떨어지는 건 물론이고 말이야.

미국의 대표적인 청소년 수면 전문가인 피치버그 대학의 론 달 박사는 이렇게 말했다. "단순히 기분이 부정적이라는 차원이 아니라 지각이 떨어진다는 거죠. 좌절감을 느끼면 화를 낼 가능성이 높고, 슬플 때 울 가능성도 더 높습니다. 감정을 통제하는 능력은 떨어지고 감정은 더 노골적으로 드러나죠." [12]

그러니까 지금 네가 작은 일에도 화가 나고 별일 아닌 것에 짜증이 나며, 울고 싶고 좌절감을 느끼고, 영어 단어가 안 외워지고 수학 문제가 안 풀린다면 이건 공부가 힘들어서가 아니라 잠이 부족하기 때문이다. 잠만 더 자도 이 모든 문제가 동시에 사라진다.

엄마나 선생님은 말씀하시겠지. 지금은 잠을 참고 열심히 공부할 시기라고.

---

12. 같은 책.

나중에 대학 가서 푹 자라고. 하지만 정말 그래도 될까? 시카고 대학의 수면학자 이브 반 코터는 젊은 남자들을 대상으로 일정 기간 하루에 네 시간만 자게 했더니 호르몬의 전반적인 기능장애 징후가 나타났다고 밝혔다. 그중에서도 스트레스 호르몬인 코티솔이 급격히 상승했고 비만과 당뇨를 유발할 수 있는 포도당 처리기능은 저하되었다. 더욱 놀라운 것은 아무 데서나 졸음에 빠져드는 기면증이나 전혀 잠을 이루지 못해서 때로는 사람을 자살로까지 몰고 가는 불면증 등 성인에게 흔한 수면 장애가 청소년기에 시작될 확률이 높다는 것이다. 불면증의 시작은 전두엽이 한창 발달할 때 같이 일어나기 때문이다.

샘은 스트레스가 많아지면 불면증에 시달리는데 그럴 때면 얼마나 괴로운지 모른다. 불면증에 시달릴 때는 세상에 나보다 더 불행한 사람이 없어 보일 정도로 힘이 들거든. 그런데 이게 중·고등학교 때 잠을 제대로 자지 않아 생긴 문제였다니…. 억울해서 뒤로 자빠질 지경이다.

심리학자들은 쥐에게 잠을 재우지 않는 실험도 했는데, 먹이가 없을 때보다 잠을 자지 못할 때 더 빨리 죽는 것으로 나타났다. 쥐가 수면부족으로 죽음이 임박하면 꼬리 여기저기에 여러 가지 염증이 생긴다. 너도 몸 여기저기가 아프다고? 그것도 수면 부족 때문이다.

지금 잠을 참고 공부하고 있지? 그럼 너는 네 몸에 성인이 되면 나타날지 모르는 비만과 당뇨와 불면증이라는 폭탄을 안고 달리는 것이다. 잠을 못 자서 오는 집중력 저하와 감정통제력의 저하, 기억력 감퇴 등은 더불어 따라오는 문제들이고.

제발 더 많이 자라. 등교시간 때문에 늦도록 잘 수 없다면 더 일찍 잠들어라.

침대에 누워 '다른 아이들은 이 시간에 공부하고 있지 않을까?' 걱정할 필요 없다. 그 아이들은 수면 부족으로 학교와 학원에서 존다. 그런 아이들은 아무리 열심히 해도 성적이 떨어진다. 기억력이 감퇴하는 머리로 성적이 올라야 얼마나 오르겠니?

평소에 충분히 자고 깨어 있는 시간에 힘을 내서 집중하는 것이 네 성적을 끌어올리는 첫 번째 조건이라는 것을 잊지 말 것! 제발 더 자라. 그리고 깨어 있는 시간을 더 아끼고 쪼개 써라.

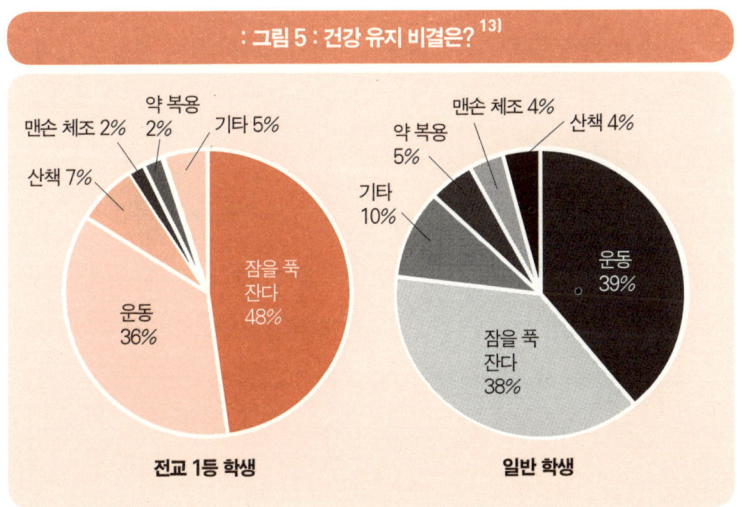

: 그림 5 : 건강 유지 비결은? [13]

전교 1등 학생
- 잠을 푹 잔다 48%
- 운동 36%
- 산책 7%
- 맨손 체조 2%
- 약 복용 2%
- 기타 5%

일반 학생
- 운동 39%
- 잠을 푹 잔다 38%
- 기타 10%
- 약 복용 5%
- 맨손 체조 4%
- 산책 4%

13. 『중학교부터 시작하는 서울대 공부법: 실천편』, 베리타스알파, 행복한 미래, 2011.

자신만의 방법을 찾는 것이
공부의 시작이다

: 임수현(경남 충렬여고 졸업. 서울대학교 경제학과)

> **❝ 문제집은 푸는 게 아니라 분석하는 것이다.**
> **친구와 경쟁하지 말고 나와 경쟁하라. ❞**

중학교 때까지는 전교 90등 정도의 평범한 학생이었던 임수현 양. 중학교 2학년 때 아버지께서 산업재해로 쓰러지시면서 집안 사정이 갑자기 어려워졌다. 어려운 환경에서 부모님께 기쁨을 드리는 길은 공부밖에 없다고 생각하고 굳은 각오로 공부를 시작한 수현 양은 오래지 않아 공부의 진정한 기쁨을 알게 되었다. 그전에는 게임에 몇 시간씩 몰두하고 수학을 60점을 맞아도 그런가 보다 생각했다. 하지만 중학교 2학년 때부터 공부를 시작해서 줄곧 전교 1등을 놓치지 않았고 2011학년 수능에서 500점 만점에 494점이라는 놀라운 점수를 받아 고생하시는 부모님께 기쁨을 드렸다. 사교육을 꿈꿀 수도 없는 어려운 환경과 싸우면서도 공부를 잘할 수 있었던 비결은 무엇이었을까?

: 어떻게 공부를 열심히 하게 되었는지?

중학교 2학년 때 가정 형편이 갑자기 어려워져서 온 가족이 원룸에 살게 되었다. 원룸에서는 6개월 정도 살았는데 그 시간이 내게 큰 깨달음을 주었다. 그때 부모님은 굴을 까는 일을 하셨는데 일이 너무 힘들어 주무실 때 손을 잘 못 펴셨다. 손도 잘 펴지지 않을 정도로 고생하시는 부모님을 바라보면서 게임이나 하고 있는 나 자신이 한심하게 생각되었다. 그러나 내가 할 수 있는 일이 없었다. 그때 부모님께 보답하는 길은 공부밖에 없다고 결심하고 공부를 시작했다. 온 가족이 원룸에 사니 어쩔 수 없이 부모님이 주무시는 시간에 같이 자야 했다. 그렇게 일찍 잠자리에 드는 대신 부모님이 일을 나가시는 새벽 세 시쯤에 일어나서 공부했다. 일 나가서 고생하실 부모님을 생각하며 정말 열심히 했다. 그랬더니 성적이 금방 올랐다.

중학생 때는 성적을 올리기가 쉽다. 고1 때 성적이 고3 때까지 계속 간다는 말도 있는데 이 말이 반드시 맞지는 않겠지만 어느 정도는 맞는다고 생각한다. 고등학교 때는 모든 학생이 열심히 하는 시기이기 때문에 내가 아무리 열심히 해도 성적을 올리기가 쉽지 않다. 그래서 그런 말이 있는 것이다. 그런데 고1 성적은 중학교 때의 성적을 반영한다. 그러니 중학교 때 성적을 올려놓는 것이 여러 가지로 유리하다. 더구나 중학교 교과과정이 대부분 고등학교 때 반복되기 때문에 중학교 때 기초를 잡아두는 것이 중요하다.

갑자기 성적이 오르니 부모님과 선생님께 칭찬을 많이 받았고 그때 공부하는 재미를 알았다. 성취감이랄까? 그런 걸 많이 느꼈다. 일단 성적이 오르고 나자 공부하는 게 별로 어렵게 느껴지지 않았다. 계속 같은 방식을 유지하기만 하면 됐기 때문에 성적이 부쩍 오르고 난 후에는 큰 어려움 없이 계속 공부할 수 있었다.

: 성적을 올리는 데 가장 어려운 점은 무엇이었나?

특별히 어려운 것은 없었다. 공부가 재미있었다.

: 공부가 재미있었다고?

그 과정이 재미있었다. 알아가는 과정, 성취감을 느끼는 과정, 내 실력이 늘어가는 과정이 재미있었다. 사실 부모님이 공부하라는 말씀을 거의 안 하셨다. 그럴 여유가 없으셨을 수도 있다. 주변에 보면 친구들은 성적 때문에 부모님과 싸우기도 하고 힘들어하기도 하던데 나는 부모님이 성적에 관해서는 아무 말씀도 안 하셨기 때문에 오히려 부담 없이 공부의 즐거움을 느낄 수 있었다. 물론 공부하면서 성적이 떨어진 적은 있다. 하지만 그때도 크게 걱정하지 않았다. 성적이 떨어지면 올리면 된다. 성적은 열심히 공부하면 오르는 것이다. 다음 시험에 더 열심히 공부하면 되지 울고불고 할 일은 아니다. 성적이 떨어졌을 땐 다음번에 잘 하자고 편하게 생각했다.

: 문제집은 어떻게 이용했는지?

문제를 다 풀고 나서 채점을 하면 학생들은 자신의 답이 맞았는지 틀렸는지만 확인한다. 예를 들어 ④번과 ⑤번 중에 헷갈리다가 ④번으로 썼는데 답이 ⑤번인 경우를 생각해보자. 그때 대부분은 왜 답이 ⑤번인지만 확인하고 '아, 이래서 답이 ⑤번이구나' 하고 지나간다. 이래서는 안 된다. 왜 ④번이 답이 아닌지, ⑤번이 답인 이유가 뭔지 더 확실하게 알아야만 한다. 그래야만 다음에 비슷한 문제가 나왔을 때 안 틀린다. 더불어 ①, ②, ③번이 답이 아닌 이유도 확실하게 말할 수 있어야 한다. 즉

①, ②, ③번이 답이 아니라고 생각하는 이유가 내 생각과 답안지가 같아야 한다는 말이다. 내가 답이 아니라고 생각한 이유와 답안지가 답이 아니라고 생각한 이유가 다르다면 이건 알아서 맞힌 것이 아니고 찍어서 맞은 것이다. 이런 이유로 공부를 잘하는 학생일수록 문제집과 답안지가 새까맣다. 자신이 생각한 이유와 답안지의 이유가 다를 경우 문제집이나 답안지에 체크하면서 확인하기 때문이다. 나는 노트에 다 적으면서 공부했다. 이런 식으로 계속 답안지와 내 답을 맞춰보며 공부하면 언젠가는 답안지가 답이라고 말하는 이유와 내가 답이라고 생각하는 이유가 거의 일치하는 때가 오는데 이때가 '공부의 신'이 되는 순간이다.

: 공부계획은 어떻게 세웠나?

아침에 계획을 세우는 친구들도 있던데 나는 주로 자기 전에 계획을 반성하는 시간을 가졌다. 어제저녁에 세워놓은 계획을 오늘 하루 얼마나 잘 지켰는지 밤 시간에 점검했다. 밤 시간이 차분하게 생각하기 좋았다. 계획을 잘 이행했는지 살피면서 반성하고 내일은 더 잘해야겠다고 다독이기도 했다. 계획은 한 달 계획과 일주일 계획을 대략 짜고 매일매일 해야 할 것을 꼼꼼하게 적는 방식을 썼다. 계획을 너무 거창하게 짜면 실행하지 못하는 데서 오는 스트레스가 심해지니까 자신이 지킬 수 있는 범위 안에서 짜고 잘 실천하는 게 중요하다.

: 후배들에게 해주고 싶은 말은?

옆 친구와 경쟁하지 말고 나와 경쟁하라고 말해주고 싶다. 같은 반 친구들이나 같은 학교 친구들과 경쟁하면 그들의 행동에 내가 흔들리게 된다. 옆 친구들을 신경 쓰지 말고 내가 나 스스로와 한 약속을 잘 지키고 잘 실행하는지만 신경 쓰길 바란다. 시험을 보고 난 후에도 점수 1~2점보다는 내가 세운 계획대로 잘 실천해서 시험기간을 마쳤는지가 더 중요하다. 물론 처음에는 주변 사람들이나 부모님, 선생님들께 인정받으려고 공부하기도 한다. 하지만 고3 때까지 이런 식으로 공부할 수는 없다. 스스로의 약속을 지키고 그 과정에서 성취감을 느껴야만 공부가 재미있어지는 것이다. 공부가 재미있어지려면 자신과의 약속을 잘 지키면서 나 자신을 신뢰해야 한다. 그러니 옆 친구와 경쟁하지 말고 자신과 경쟁하면서 어려움을 이겨내라고 말해주고 싶다.

수능 4교시 사회·과학 영역

사실 사탐은 문제집이 필요치 않은 과목이다. 그만큼 교과서가 중요하다는 말이다. 교과서를 볼 때 대부분 목차를 그냥 지나치는데 목차는 나무로 치자면 전체 기둥과 같은 부분이다. 기둥이 어떻게 뻗어 나가는지를 잘 파악하면 나머지 가지와 잎을 붙이기가 훨씬 쉬워진다. 가장 먼저 목차를 꼼꼼하게 살펴라. 목차의 흐름을 머릿속에 잘 넣은 다음 교과서를 읽으면서 자기 스스로 가지를 붙여야 한다.

국사를 예로 들면, 역사 연표를 손으로 그리면서 지금 자신이 외우고 있는 부분이 전체 연표 중에 어떤 부분인지를 정리해야 한다. 역사 연표를 스스로 정리해서 기억하고 있을 때는 새로운 내용이 첨가되어도 연표의 어떤 부분에 들어가는지 알기 때문에 연결해서 암기하기만 하면 된다. 이런 과정 없이 무턱대고 문제집을 풀거나 요점정리를 해서는 자신이 어떤 부분을 외우는지, 어떤 부분과 이 부분이 연결되는지 알지 못하기 때문에 외우더라도 쉽게 잊고 응용문제도 풀 수 없게 된다. 반드시 손으로 쓰면서 교과서의 내용을 자신만의 방식으로 재구성해야 한다. 그렇게 하면 암기 과목은 틀릴 수가 없다. 대부분 그냥 문제집만 풀기 때문에 어려운 문제가 나오면 당황하는 것이다. 일단 교과서를 꼼꼼하게 읽고, 문제집을 볼 때도 교과서를 펴놓고 비교하면서 봐야 한다.

교과서는 다섯 번은 봐야 하는데, 첫 번째 읽을 때 목차 중심으로 큰 개념을 머릿속에 넣으면서 흐름을 잡고 두 번째 읽을 때 가지를 붙인다. 세 번째 읽으면 다 알고 있다고 생각했는데도 새로운 내용을 발견하게 된다. 네 번째 읽을 때는 저절로 외워지고 다섯 번째 읽으면 '이 문제 시험에 안 내면 선생님 아니다'라고 확신하는 내용이 보인다. 그 후에 시간이 남으면 문제를 푸는데, 문제집을 풀면서 암기가 부족한 부분은 꼼꼼하게 외운다. 이렇게 교과서를 다섯 번만 읽으면 사탐과 과탐은 잘 볼 수밖에 없다.

어떤 일을 하든 자기 삶에 책임을 지는 것이 중요하다. 지금은 공부해야 할 시기니까 공부를 하는 것이 자신의 인생에 책임을 지는 것이다. 공부는 하지 않으면서 다른 일을 하면 잘할 수 있으리라 생각하는 것은 착각이다. 공부는 어떤 일을 하더라도 그 일을 하는 기본이 된다.

– 신창호 (서울대 심리학과)

5부

행동조절 능력: 미래를 디자인하는 공부 방법

01

기억,
기억력의 비밀

행동조절 능력이란 자기주도 학습자가 되기 위한 마지막 관문이
다. 공부하는 시간과 학습방법을 조절하고 기획하는 과정이라고
할 수 있다. 앞에서 마음을 다잡는 법을 공부했다면 지금부터는
이 마음을 직접 실천하기만 하면 된다.

사실 아무리 마음을 잘 다잡았다 해도 직접 실천에 옮기려면 많
은 시행착오와 좌절을 경험하게 된다. 때로 실패도 맞볼 것이다.
하지만 꿋꿋이 이겨내고 자신의 계획을 만들어내야만 지긋지긋
한 학원에 끌려다니며 너의 청춘과 열정을 소비하는 일을 멈출 수

있다. 자, 이제 너의 결심을 실천에 옮기자. '정말 내가 할 수 있을까? 나 혼자 가능할까?' 같은 불안함은 분리수거 쓰레기통에 집어던지자.

학습은 기억에서 시작해서 기억으로 끝난다는 말이 있다. 공부를 한다는 것은 막대한 양의 정보를 머릿속에 기억시키는 일이다. 물론 이해력이 뒷받침되어야 하지만 암기와 기억은 그 자체로도 거대한 학습이지. 뭐든지 보기만 하면 척척 외워지고 안 잊어버린다면 성적을 올리는 것쯤 식은 죽 먹기일 텐데…. 잊어버리는 것이 특기인 엄마를 닮아서 태어나는 바람에 조금 전에 본 것도 잊어버리기 일쑤인 나는, 그럼 좋은 대학을 가는 것과는 바이 바이를 해야 하는 걸까?

〈그림 6〉을 보자. 맨 처음 너에게 들어오는 정보는 먼저 네 감각기관에 등록된다. 선생님의 목소리, 칠판에 글씨 쓰는 소리, 옆 친구가 소곤거리는 소리, 창문 밖의 소음 등이 있겠지. 이것들은 처음으로 정보가 처리되는 단기저장고로 들어간다. 감각기관에 등록되었다가 단기저장고로 들어간 많은 정보는 대부분 거기 머물다가 사라진다. 전화번호부에서 중국집 전화번호를 찾아 음식을 주문하고 나면 그 전화번호를 바로 잊어버리는 것과 같은 것이다.

왜 우리는 단기 저장고에 많은 정보를 넣어둘 수가 없을까? 단기 저장고의 용량이 제한되어 있어서 그 용량이 꽉 차면 더는 들어

자극정보 투입

↓

감각기억
(sensory memory)

〈감각기억의 특성〉
• 오감을 통해 외부 정보 획득
• 기억 흔적은 0.25초 내에 소멸
• 어두운 방에서 성냥불을 키면 생기
  는 시각적 잔상 같은 느낌

↓

단기 기억
(short-term memory)

〈단기 기억의 특성〉
• 정보를 20~30초 정도 저장
• 그 수용 능력이 상당히 제한되어 있
  고, 반복 시연이 없는 한 기억이 소
  멸되기 쉽다.

↕

장기 기억
(long-term memory)

〈장기 기억의 특성〉
• 무한한 저장 용량과 지속성

갈 수 없기 때문이다. 그래서 새로운 정보는 단기 저장고에 잠시 머물다가 자연스럽게 퇴출당한다.

사실 이 단기 저장고는 인간에게 너무나 필요한 부분이다. 만일 자신의 기억을 단기 저장고에 넣었다가 파기시키지 않고 모두 기억한다면 인간의 뇌는 어떻게 될까? 아마 과부하로 팡! 터지거나, 잊고 싶지만 절대로 잊히지 않는 괴로운 기억들 때문에 평생 괴로움을 껴안고 살겠지? 그래, 이런 이유로 대부분 기억이 단기 저장고에 머물다가 사라지는 건 어쩌면 감사한 일이기도 하다. 어제의 고통을 잊고 다시 새로운 인생을 살 수 있도록 해주니 말이다. 하지만 없어지는 기억이 학습일 때는 얘기가 달라진다. 이 없어지는 기억들 때문에 이렇게 고생하는 거 아니겠니? 어떻게 하면 단기 저장고에 들어 있는 기억들을 오랫동안 저장할 수 있을까?

정답은 단기 저장고에 있는 기억들을 장기 저장고로 넘기는 것이다. 기억이 단기 저장고에서 장기 저장고로 넘어가면 언제 어디서든 꺼내 쓸 수 있는 무한정보로 변신한다. 하드디스크에 저장되는 것이다. 그런데 여기에는 수고가 따른다. '시연'이라는 게 그것이다. 단기 기억을 장기 기억으로 넘기기 위해 꼭 필요한 과정인데 시연을 통해 기억이 진짜 내 것이 된다. 쉽게 말해 복습이라고 할 수 있지.

키스를 해본 사람이라면 누구나 첫 키스의 기억을 절대로 잊어버리지 못할 것이다. 일곱 번째, 열세 번째 키스는 아무리 떠올려도 기억이 안 나는데 첫 번째 키스의 추억은 장기 저장고에 콕 박혀서 절대로 잊지 못하지. 그 이유가 뭘까? 처음 키스를 하고 난 후에 자꾸자꾸 반복해서 그 장면을 꺼내 머릿속에서 시연했기 때문이다.

그때 내 모습, 그 장소, 그때 들리던 소리와 감촉들을 나도 모르게 반복적으로 기억해냈기 때문이다. 그 수없는 반복 때문에 첫 키스의 기억은 죽을 때까지 간직된다. 일곱 번째, 열세 번째 키스는 그 반복이 없어서 기억이 안 나는 것이다. 문제는 반복적인 '시연'이다.

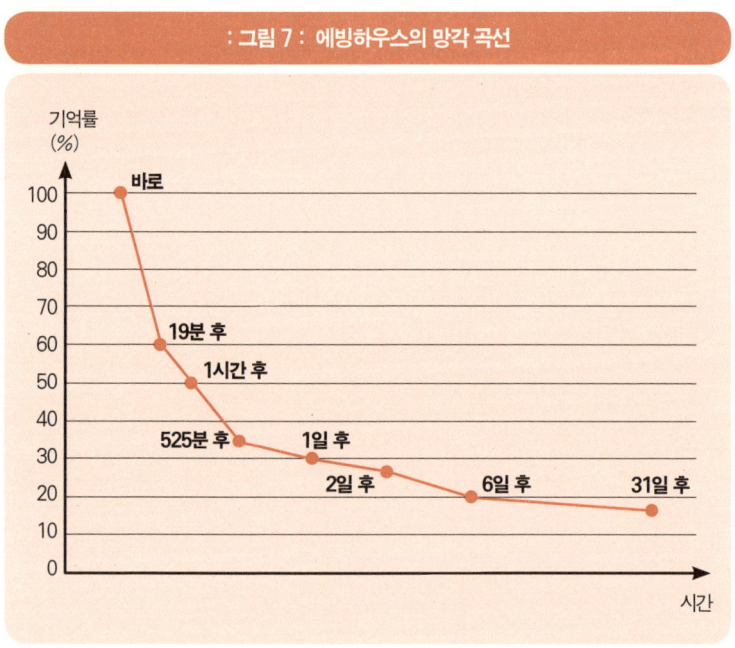

: 그림 7 : 에빙하우스의 망각 곡선

독일의 심리학자인 에빙하우스는 인간의 망각을 수치화했어. 그의 실험에 의하면 인간이 어떤 새로운 것을 배웠을 때 한 달이 지나면 처음 알았던 내용의 80퍼센트는 잊어버린다고 한다. 무려 80퍼센트나! 그렇다, 기억되는 것이 80퍼센트가 아니라 잊어버리는 게 80퍼센트란다. 자, 다시 생각해보자. 너는 지금 책상에 앉아서 열심히 영어 단어를 외우고 있다. 그러나 이는 다 쓸데없는 짓이다. 열심히 외워봤자 한 달만 지나면 80퍼센트는 잊어버릴 테니 말이다. 그러니 영어 단어니 수학 공식이니를 힘들여 외운다는 것이 너무나 어리석은 짓 같이 느껴진다. 그렇다면 어떻게 해야 이 모든 것을 기억할 수 있을까?

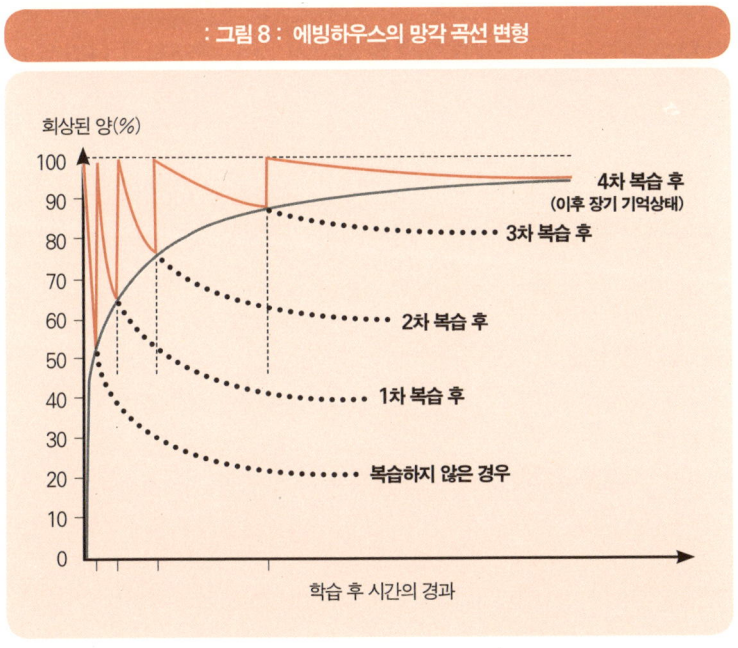

: 그림 8 : 에빙하우스의 망각 곡선 변형

맞다. 우리는 정답을 알고 있다. 더 열심히 반복하면 된다. 기억 속에 남은 20퍼센트를 모아 모아서 100퍼센트를 만들면 된다. 개

미처럼 열심히 반복에 반복을 거듭해서 100퍼센트를 끌어모으는 것이다.

그런데 여기에도 문제가 있다. 바로 우리의 뇌가 선뜻 협조를 하려 들지 않는 것이다. 우리는 반복을 싫어한다. 정확히 말하면 인간의 뇌는 반복을 싫어한다. 인간의 뇌가 가장 빨리 피곤해질 때가 반복할 때이다. 영어 단어를 반복해서 외우고 문제집을 반복해서 푸는 동안 우리의 뇌는 피곤해진다. 피곤해진 뇌는 학습을 거부한다. 아무리 외우려고 노력을 해봤자 자꾸 딴생각이 나면서 안 외워지는 것이다.

앗! 그럼 어쩌지? 무조건 열심히 노력해서 공부한 것을 기억한다는 것은 불가능한 미션인가? 아니, 그렇지는 않다. 우리는 이 모든 반복을 즐겁게 할 수 있다. 반복학습을 놀이로 바꿔서 뇌가 즐겁게 이 작업을 할 수 있도록 트릭을 쓰면 된다.

뇌가 반복에 지치지 않게 하는 트릭 예

엄마께 부탁해서 500밀리리터 우유갑 4개를 모은다. 이와 비슷한 크기의 상자 4개라도 상관없다. 4개의 우유갑을 일렬로 나란히 붙인다. 우유갑 안에 쏙 들어가는 크기의 단어장을 산다. 링으로 연결되어서 한 장씩 쓸 수 있는 단어장이면 된다.

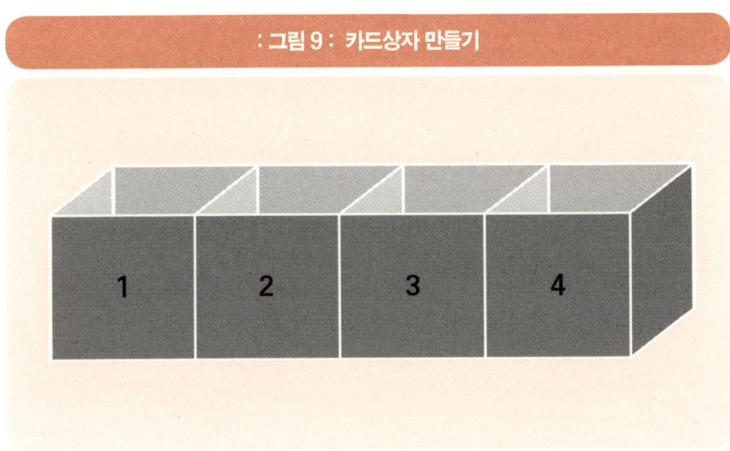

: 그림 9 : 카드상자 만들기

1. 외워야 하는 단어를 단어카드에 쓴다. 앞에는 영어 단어를, 뒤
   에는 뜻을 쓴다. 일반 단어카드처럼 30개의 단어카드를 만든
   다(시중에 나온 단어카드를 이용해도 된다).

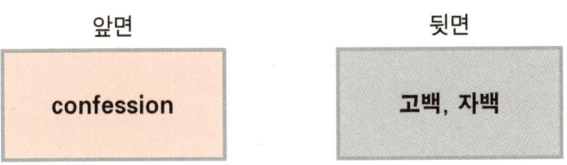

앞면   뒷면

confession   **고백, 자백**

2. 첫 번째 칸에 단어카드를 모두 넣는다. 그런 다음 하나씩 뽑아
   가며 뜻을 말한다. 뜻이 생각날 수도 있고 안 날 수도 있다. 안
   나도 상관없다, 게임이니까. 카드를 보고 뜻이 생각나면 그 카
   드를 두 번째 칸으로 옮긴다. 생각이 안 나면 뒤의 뜻을 확인

해보고 첫 번째 칸 맨 뒤로 보낸다. 이렇게 30개의 단어카드를 다 보고 나면 맨 처음 칸에는 외우지 못한 단어들이 남고 두 번째 칸에는 뜻을 알고 있는 단어가 남게 된다. 오늘의 게임은 여기까지다.

3. 다음 날 다시 첫 번째 칸에 있는 단어를 두 번째 칸으로 옮기는 작업을 한다. 어제와 마찬가지로 앞에 있는 영어 단어를 보고 뒤에 있는 뜻을 맞추면 카드를 두 번째 칸으로 보내고, 그렇지 못한 것은 다시 첫 번째 칸 맨 뒤로 보낸다.

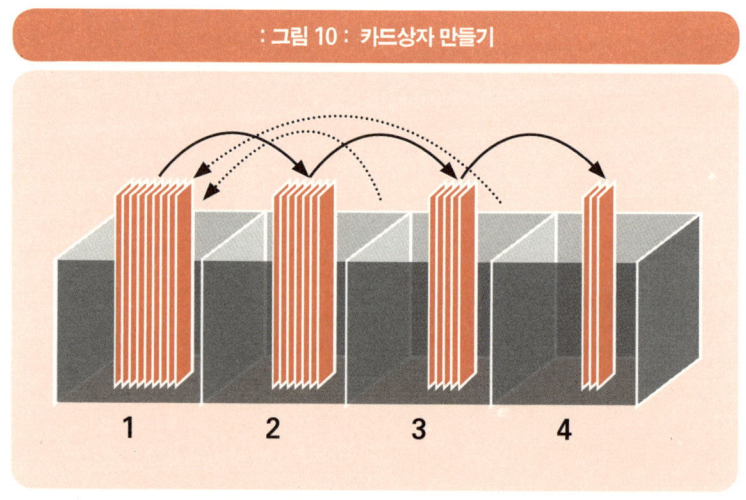

: 그림 10 : 카드상자 만들기

4. 첫 번째 칸에 단어카드 한두 개만 남고 거의 모든 카드가 두 번째 칸으로 옮겨가면 둘째 칸을 공격한다. 둘째 칸에는 어제 보

낸 카드들도 있지만 일주일 전에 보낸 카드도 있다. 그러니 이 카드 중에 어떤 것은 반드시 망각의 늪에 빠져 있을 것이다. 자, 두 번째 칸에 있는 카드들을 집는다. 그리고 처음과 같은 방식으로 시작한다. 외운 것은 세 번째 칸으로 보내고 못 외운 것은 첫째 칸으로 보낸다(둘째 칸이 아니다. 첫째 칸이다. 첫째 칸에 보낸 카드들은 처음 거기 있던 카드보다는 확실히 줄어 있을 것이다). 같은 방식으로 세 번째 칸의 카드들도 이동시킨다. 세 번째 칸에 있다가 네 번째 칸으로 옮겨간 카드들은 나의 머릿속에 단단히 뿌리를 박고 시험 때 내게 도움을 줄 녀석들이다. 좀 무의미해 보이는 이러한 반복을 통해 나의 머릿속에는 단어를 모아놓은 커다란 방이 생긴다.

이렇게 네 번째 칸까지 반복이 끝난 단어는 어지간해서는 잊어버릴 수가 없다. 매일 10~20분만 투자하면 외우는 단어의 양을 급격히 늘릴 수 있다. 네 번째 칸까지 간 단어카드는 박스에 넣어 모아두었다가 나중에 많은 시간이 흐른 뒤에 다시 꺼내 첫 번째 칸부터 시작해볼 수도 있고 그대로 버려도 된다. 설령 많은 시간이 지나서 잊어버렸다 하더라도 다시 만나서 한두 번만 반복하면 다시 금방 기억 속에서 살아날 테니 말이다.

이 게임의 좋은 점은 이것이다. 첫째, 시간이 별로 안 걸린다. 단어가 30개라 해도 이 과정을 마치는 데는 10분도 안 걸린다. 그러니 밥 먹으면서 음악 들으면서 머리 말리면서 틈틈이 할 수가 있다. 둘째, 열 번씩 쓰고 잘 외웠나 테스트를 하지 않아도 내가 어떤 단어를 외웠는지 못 외웠는지 바로 확인할 수 있다. 손으로 쓰는 지겨운 작업을 안 해서 좋고 단어를 외웠는지 못 외웠는지 정확히 알게 되니 더 좋다. 셋째, 성취감을 느낄 수 있다. 이 과정을 계속하다 보면 빨리 다음 칸으로 단어카드를 옮기고 싶어지는 성취욕이 생긴다.

맨 뒤 칸에 꽉 차게 카드 100장을 모으면 내가 나에게 상을 주기로 하는 것도 좋다(놀이동산 놀러 가기, 엄마한테 도서상품권 받기, 학원 가기 싫은 날 하루 빼먹기도 괜찮다). 빨리 저 마지막 통으로 카드를 옮기고 싶어 강요하지 않아도 집중력을 발휘하게 된다.

이 게임은 다양하게 응용할 수 있다. 카드의 앞뒤를 바꿔서 한글 뜻을 보고 영어 단어를 맞추는 게임을 해도 되고 꼭 외워야 하는 수학 공식이나 사회 과목의 암기할 내용도 이런 과정을 거치면 훨씬 잘 외워진다.

이런 방식은 단조롭게 책만 보고 외우는 것이 아니라 게임처럼 할 수 있기 때문에 뇌가 스트레스를 받지 않는다. 무엇보다 이 게임의 가장 큰 장점은 돈이 거의 들지 않는다는 것이다. 돈은 안 드는데 학습효과는 끝내준다니 이보다 기쁜 일이 어디 있니? 오늘부터 집에 있는 우유갑을 모아 당장 시도해보자.

02

서울대반 아이들의 계획표

샘은 학원에서 논술을 가르쳤는데 학원에는 논술 선생님이 많지 않았기 때문에 샘은 성적이 좋은 반과 안 좋은 반을 모두 가르쳤다. 성적이 좋은 아이들도, 좋지 않은 아이들도 시험범위가 발표되면 계획표를 짠다. 계획표를 짜는 열정과 이번 시험만큼은 열심히 공부해봐야겠다는 각오는 두 반 학생들 모두 같다. 그런데 왜 어떤 아이는 계획을 제대로 실행하지 못해 좌절하고 어떤 아이는 끝까지 계획대로 실천해서 성공을 손에 쥐는 것일까? 샘은 학원에서 아이들이 짜는 계획표를 보고 그 차이를 알아냈다. 샘이 이 방법을 중·고등학교 때 미리 알았더라면 학력고사 시험에 떨어져서 이불을 뒤집어쓰고 우는 일은 없었을 텐데….

성적이 좋은 반 아이들과 그렇지 않은 반 아이들은 서로 다른 계획표를 짠다. 이 계획표가 두 반 아이들의 성적을 가르는 출발점이다.

자, 샘이 알아낸 이 놀라운 계획표의 차이를 지금부터 공개하지.

반드시 실패하는 허술한 계획표

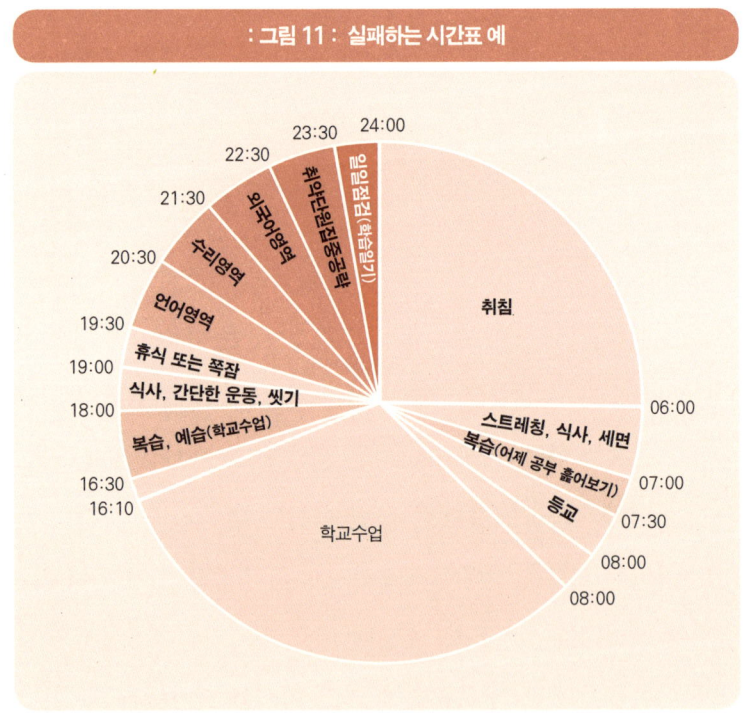

: 그림 11 : 실패하는 시간표 예

성적이 안 좋은 반 아이들도 열심히 시간표를 짠다. 학교 끝나고 자율학습하고, 학원에서 심화학습하고, 학원에서 돌아와 한 시간 더 공부하고, 간식 후다닥 먹은 후에 독서실 가서 또 공부하고, 집에 와서 새벽 두 시까지 공부하고…. 하여간 온통 공부 계획으로 시간표가 빡빡하다. 실행만 잘하면 전교 1등도 할 것 같다. 하지만 알지? 이런 계획표를 열심히 지키는 건 사흘이면 끝이라는 것을 말이야. 이런 계획표는 오래 지킬 수가 없다. 왜냐하면 자신이 어디로 가는지, 오늘 얼마만큼 가야 하는지 알지 못하기 때문이다. 자신이 가야 할 곳을 모르니 가다가 금방 지친다.

마라톤 주자가 42.195킬로미터를 뛸 수 있는 것은 42.195킬로미터가 지나면 그곳에 결승점이 있다는 것을 알기 때문이다. 이 마라톤 주자에게 얼마를 뛰어야 하는지, 어느 방향으로 뛰어야 하는지 알려주지 않고 그냥 뛰게 하면 아무리 뛰어난 마라톤 선수라 해도 10킬로미터도 뛰지 못하고 쓰러진다. 속도 조절에 실패할 뿐만 아니라 어려움에 처했을 때 자신을 일으켜 세울 동기부여가 안 되기 때문이다. 그러니 그냥 열심히 하겠다고 적어놓은 시간표를 만들고 있는 너는, 결승점이 어딘지도 모르는 어리석은 마라톤 주자다. 계획표를 당장 폐기해라. 그런 계획표로는 목표하는 대학에 절대 갈 수 없다.

그렇게 초등학생처럼 유치한 계획표는 짜지 않는다고? 그렇더라도 너는 이런 계획표 방식으로 공부하고 있을지 모른다. '지금부터 한 시간 동안 열심히 공부하고 다섯 시부터 〈런닝맨〉 봐야지. 오늘은 무조건 다섯 시간은 공부해야지. 어제 노느라 못 한 공부 오늘 세 시간 보충해야지'라고 생각하지? 그렇다면 너는 저 유치한 계획표 방식으로 공부하는 것이다.

이렇게 시간으로 너를 컨트롤하려고 하면 너는 실패할 수밖에 없다. 왜냐? 시간은 인간이 컨트롤할 수 없는 존재이기 때문이다. 게임을 할 때나 친구들과 놀 때는 한 시간이 10분 같이 빨리 지나가지만, 보충수업을 할 때는 한 시간이 다섯 시간도 넘는 것처럼 끝날 줄을 모르지? 인간에게 시간은 너무나 유동적인 존재다. 그런데 이렇게 유동적인 시간으로 너의 계획표를 채우려 하면 어떤 때는 너무 빨리 지나가서 너를 당황하게 하고 어떤 때는 너무 안 지나가서 너를 괴롭힌다. 그러니 '한 시간 초집중! 다섯 시간 열공!' 같은 지킬 수 없는 어리석은 계획표는 빨리 집어 던지자. 이건 초딩들이나 하는 어이없는 공부방법이다.

서울대반 아이들의 짱짱한 계획표

공부를 잘하는 반 아이들은 시험범위가 발표되건 말건 자신의 계획표대로 공부하기 때문에 시험범위에 크게 동요되지 않는다. 하지만 이 아이들도 계획표를 짠다. 어쨌든 내신은 대입에 큰 비율을 차지하기에 무시할 수 없으니 말이다.

서울대반 아이들은 대부분 계획표를 적는 두툼한 다이어리를 가지고 있었다. 다른 사람한테 잘 보여주지도 않지. 그런데 다이어리에 뭘 쓰다가 나한테 들키는 때가 가끔 있는데, 그 안의 내용이 얼마나 꼼꼼하고 자세한지 깜짝 놀랄 정도다.

: 그림 12 : 서울대반 아이들의 계획표 1

: 그림 13 : 서울대반 아이들의 계획표 2

서울대반 아이들은 동그랗게 원을 그려서 시간별로 할 일을 적는 시간표 같은 것은 만들지 않았다. 대신 이 아이들은 자신이 오늘 해야 할 공부 분량을 자세하게 적은 계획표를 가지고 있었다. 일 년 동안 할 목표를 적은 계획표도 가지고 있었고 한 달 동안 해야 할 목표를 적은 계획표도 있었으며 일주일간의 목표를 적은 계획표와 매일의 목표를 적은 계획표도 있었다. 공부를 잘하는 아이일수록 이 계획표가 상세했고 목표는 뚜렷했다.

먼저, 한 달 동안 수학 문제집 한 권을 꼼꼼하게 풀기로 계획을 세운다(그러면 하루에는 몇 장을 풀어야 할지 바로 알 수 있다). 하루에 세 장을 풀기로 계획을 세웠다면 매일 몇 페이지부터 몇 페이지까지 풀지를 자세하게 적고 목표한 과제를 절대 내일로 넘기지 않는다. 세상이 무너져도 계획한 문제를 다 풀고야 만다. 하지만 반대로 예상보다 일찍 목표에 도달했을 때는 무조건 쉰다. 오늘 할 일을 다 했으므로 신 나게 노는 것이다. 〈무한도전〉을 보든 애니팡을 하든 맘대로다. 그렇게 해서 한 달 뒤에는 수학 문제집을 다 푼다. 문제집을 푸는 동안 수학에 대한 전체적인 개념을 머릿속에 입력했다. 그럼 다른 수학 문제집을 풀기가 훨씬 쉬워진다.

　과목별로 이런 꼼꼼한 계획을 세우는 것이 서울대반 아이들의 계획표다. 하루에 공부할 양이 정해져 있는데 이걸 다 하지 못하면 쉬지 못하지만, 대신 다 하면 놀 수 있으니까 딴생각할 겨를이 없다. 빨리 집중해서 이 계획을 실천하고 나머지 시간에는 놀아야 하기 때문이다. 공부를 잘하는 아이들이 집중을 잘하는 이유는 바로 이 때문이다. 쉬는 시간에 문제집을 풀고 있거나 길을 걸으며 책을 읽는 왕재수들은 공부가 재미있어서 그런 눈꼴신 행동을 하는 것이 아니다. 빨리 과제를 끝내고 놀려고 시간을 아껴 공부하는 것이다. 오늘 해야 할 목표와 일주일간 달성할 목표, 한 달간 성취해야 할 목표가 뚜렷하니 쓸데없는 공상을 하며 보내는 시간이 없다. 이 아이들에게는 공부에 집중하는 시간과 즐겁게 쉬는 시간, 오로지 이 두 시간만 존재한다.

물론 인간은 자신을 완벽하게 컨트롤할 수 없다. 그래서 아무리 완벽한 계획을 세웠다 하더라도 어긋나거나 지키지 못할 때도 있다. 하지만 시행착오를 겪더라도 너는 네 계획표를 최대한 꼼꼼하게 작성해야 한다. 그리고 그 계획표를 지키기 위해 최선을 다해야 한다. 그것이 원하는 대학에 가는 가장 확실한 방법이기 때문이다.

계획표를 작성하고 지키는 게 얼마나 중요한지가 부각되면서 최근에는 계획표만 작성해주는 학원도 많이 늘어났다. 이런 학원은 너의 계획표를 작성해주고 이를 지키게 감시하면서 엄청나게 비싼 수강료를 받는다. 하지만 남이 시켜서 한 공부가 효과가 없듯이 학원에서 짜준 계획표 역시 별 효과가 없다. 효력이 있으려면 그 계획표는 네가 만들고 네가 지키겠다고 각오해야만 한다. 학원에서 짜준 100만 원짜리 계획표를 억지로 지키면서 자기주도 학습이 되고 있다고 착각하지 마라. 그 계획표는 네 손으로 만들어서 스스로 지킬 때에만 100만 원짜리가 된다.

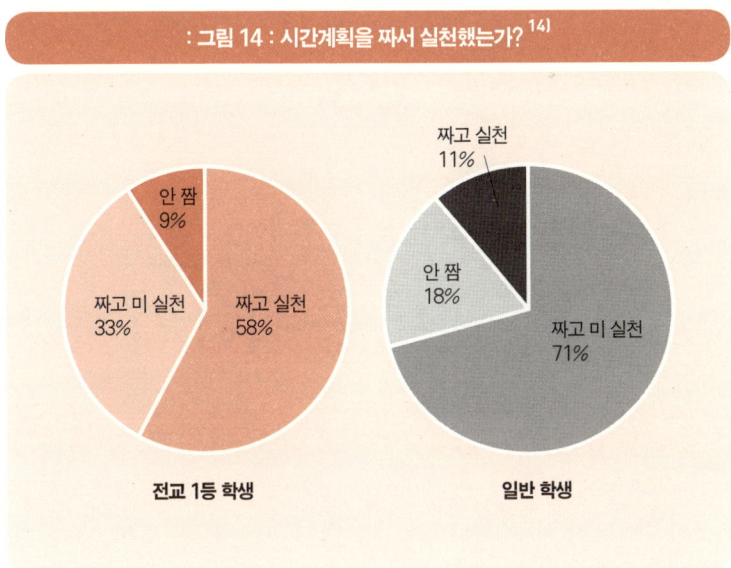

전교 1등 학생

일반 학생

14. 『중학교부터 시작하는 서울대 공부법: 실천편』, 베리타스알파, 행복한 미래, 2011.

03

문제집 한 권으로
시험에서 승리하기

학원이 쥐고 있는 열쇠는 '문제'다. 얼마나 많은 문제를 풀게 하느냐가 학생을 얼마나 잘 가르치느냐의 척도가 된다. 문제를 많이 풀면 문제에 대한 감이 생기는 것은 맞다. 하지만 개념 정리가 안된 상태에서 문제만 많이 푸는 것은 싸우는 방법도 모르는 채 계속 나가 싸우는 것과 같다. 자기가 왜 지는지도 모르고 계속 전투에 지는 거지. 이럴 경우 빠른 속도로 지쳐서 결국엔 싸울 의지를 상실하게 된다.

시험 날짜가 발표됐다. 날짜를 확인해보니 얼마 남지도 않았다.

조급한 마음이 든다. 얼른 서점으로 달려가 과목별로 두꺼운 문제집을 한 아름 산다. 지금 너는 총 쏘는 방법도 모르면서 헐레벌떡 총을 메고 전쟁터에 나가는 군인과 같다. 시험 준비를 하기 위해서는 가장 먼저 교과서를 집어 들어야 한다. 교과서로 개념을 정확하게 짚는 것이 시험공부의 시작이다(학원에서 교과서로 공부하지 않는 이유는 교과서로 공부하면 교재비를 받을 수 없기 때문이다).

수능이 끝나면 전국 수석을 한 학생들이 매스컴에 나와 인터뷰하는 것을 볼 수 있다. 이상하게도 얘들은 "교과서를 열심히 봤어요"라고 이구동성으로 말한다. 하나도 빠짐없이 모두 말이다. 왜? 그 아이들이 다 교과서 홍보위원이라서? 원래 거짓말을 잘하는 아이들이라서? 학원 안 다녔다고 자랑하려고? 방송국에서 시켜서? 그럴 리가.

못 믿겠지만 얘들은 모두 교과서로 공부했다. 물론 학원에서도 도움을 받고 문제집도 풀었지만 이 아이들이 공부에 기본으로 삼았던 것은 교과서다. 교과서로 개념 정리를 먼저 한 뒤에 문제집을 풀었고, 문제집을 풀다가 모르는 것이 있으면 다시 교과서를 확인했다. 아무리 날고 기는 문제도 교과서에서 나오기 때문이다. 교과서를 내팽개치고 문제에 접근하겠다고 하는 것은 달걀 없이 프라이를 하겠다는 꼴이다. 심지어 2013년 입시부터는 논술 지문도 교과서에서 출제된다고!

공부를 하려면 먼저 교과서를 집어 들어라. 교과서는 우리나라에서 가장 심사숙고해서 만든 교재다(교과서 집필진의 훌륭한 경력을 봐라. 문제집 출제위원과 비교가 되나). 교과서에는 과마다 핵심정리가 되어 있고 너희가 가장 기본적으로 알아야 하는 문제도 제시해놨다. 교과서에서 각 과목 선생님들이 중요하다고 했던 것을 꼼꼼하게 체크해라. 일단 교과서에서 알려주는 내용을 네 나름대로 이해하고 정리하고 암기해야 한다. 그래야 문제집을 접했을 때 네가 어떤 부분을 아는지 모르는지 확인할 수가 있다. 과목별로 공책을 만들어 교과서를 보면서 개념과 암기해야 할 부분을 적는다. 이 과정은 지루하고 시간이 오래 걸린다. 하지만 이걸 반복하면 너만의 과목별 참고서가 생기는 것이니 힘들더라도 해야 한다.

교과서를 보며 개념 파악을 마쳤으면 그 뒤에 문제집을 풀자. 문제집은 많이 풀수록 좋다고 생각하기 쉬운데 절대 그렇지 않다. 너무 많은 문제를 풀다 보면 '문제집 피로'라는 병에 걸린다. 문제를 너무 많이 봐서 그 문제가 그 문제 같고, 문제가 뭘 물어보는지도 정확하게 모르겠고, 문제를 열심히 풀어야겠다는 의지도 생기지 않는 것이 그 병의 증상이다. 매일 학원에서 문제집을 풀고 있는 아이들 대부분이 그 병에 걸려 있다. 네가 '문제집 피로'에 걸렸다면 문제집을 너와 격리시켜야 한다. 평소에는 개념 정리에 힘쓰다가 시험이 다가왔을 때 문제집과 해후하자. 격리 시간이 길고

개념 정리가 잘 되어 있을수록 너는 문제집이 반가울 것이다. 너 자신이 얼마나 알고 있고 네 실력이 얼마나 되는지 문제집을 통해 확인하고 싶은 욕구가 생기기 때문이다.

이런 욕구를 너 스스로 만들어야만 네가 어떤 문제를 틀렸고 왜 틀렸는지 정확하게 알 수 있다. 또한 그 내용도 머릿속에 확실하게 입력된다. 문제집을 푸는 동안 집중력을 발휘하게 되는 것은 말할 것도 없다. 이런 욕구가 없는 상태에서 반복하기 때문에 학원에서 문제집을 아무리 많이 풀어도 틀린 문제를 계속 틀리는 것이다.

성적을 확실하게 올리기 위해서는 여러 권의 문제집을 풀지 말고 한 권의 문제집을 확실하게 풀어야 한다. 샘이 카이스트에 간 남학생을 가르친 적이 있는데 이 학생은 한 권의 수학 문제집을 너덜거릴 정도로 풀었다. 나는 물었다. "지혁아, 너 다른 문제집 없니? 샘이 교사용 교재 하나 줄까?" 그러자 지혁이가 말했다. "아니요, 선생님. 한 권을 여러 번 풀어봐야 문제의 맥을 알 수 있어요." 샘은 '수포자'였기 때문에 '수학의 맥'이 어떻게 생긴 건지 알 길은 없었지. 하여간 확실한 것은 공부를 잘하는 아이일수록 이 문제집 저 문제집 집적거리는 짓은 하지 않는다는 거다. 공부를 잘할수록 좋은 교재 하나를 정해서 질릴 정도로 보고 또 보았다. 지금 네 방 책장에 '집합과 명제' 부분만 열심히 풀고 쌓아둔 문제집이 가득하다면, 그 수많은 문제집이 네가 공부를 못하게 만든 원흉이다.

한 권의 문제집을 효율적으로 쓰는 방법은 다음과 같다.

1. 문제집을 풀면서 답을 쓸 때는 문제집에 직접 답을 쓰는 게 아니라 다른 종이나 OMR카드에 쓴다(그럼 문제집은 새것과 다름이 없다).

2. 헷갈리는 문제는 번호에 체크만 하고 넘어간다.

3. 틀린 문제 역시 번호에만 체크를 한다(답을 적지 않는다).

4. 답을 확인하고 틀린 이유를 정확하게 분석한다.

5. 다음 날 틀린 문제와 헷갈리는 문제만 다시 푼다.

6. 두 번 풀었는데도 또 틀린 문제는 별표를 왕창 한 뒤에 교과서의 그 부분을 다시 확인한다.

7. 시험 전날 별표가 왕창 쳐진 문제만 다시 본다.

8. 이 과정을 두 번이 아니라 세 번, 네 번씩 반복한다.

이 과정을 거치면 자신이 어떤 부분을 잘 모르고 있는지 확실하게 알게 된다. 대부분의 아이는 문제집을 풀면서 틀렸던 문제를 시험에서 또 틀린다. 그러니 문제를 많이 풀기보다 한 번 틀린 문제를 확실하게 푸는 것이 성적을 올리는 데 훨씬 효율적인 방법이다.

네가 시험을 못 보는 것은 문제집을 적게 풀어서가 아니다. 네가 시험을 못 보는 것은 '교과 내용의 맥'을 잡지 못해서이다. 그리고 지금 다루는 내용을 거시적으로 바라보지 못해서다(거시적으로 바라본다는 것은 전망대에 올라가서 시내를 내려다보는 것처럼 넓게 총체적으로 보는 것을 말한다). 한 권의 문제집을 반복해서 풀다 보면 네가 공부하는 내용의 맥이 서서히 잡힌다. 모래 속에 숨어 있던 보물이 서서히 모습을 드러내듯이 말이다. 그동안은 알고 있다고 착각했으나 알지 못했던 내용이 점점 네 눈에 드러날 것이다(못 믿겠지? 거짓말 같지? 하지만 이건 사실이다. 실제로 해보면 금세 알 수 있을 거다). 이것만 발견하면 응용문제가 나오든 어려운 문제가 나오든 상관없다. '교과 내용의 맥'을 짚고 있기 때문이다. 이렇게 되면 헷갈려서 찍은 문제를 맞힐 확률도 높아진다(공부를 잘하는 아이들이 찍기도 잘하는 이유는 이 때문이다).

한 권만 확실하게 풀면 이 문제집 저 문제집 집적거리면서 '문제집 피로'를 쌓아가는 것보다 훨씬 효과적으로 공부의 맥을 짚을 수 있다. 문제집은 한 권이면 충분하다. 제대로만 풀면 말이다.

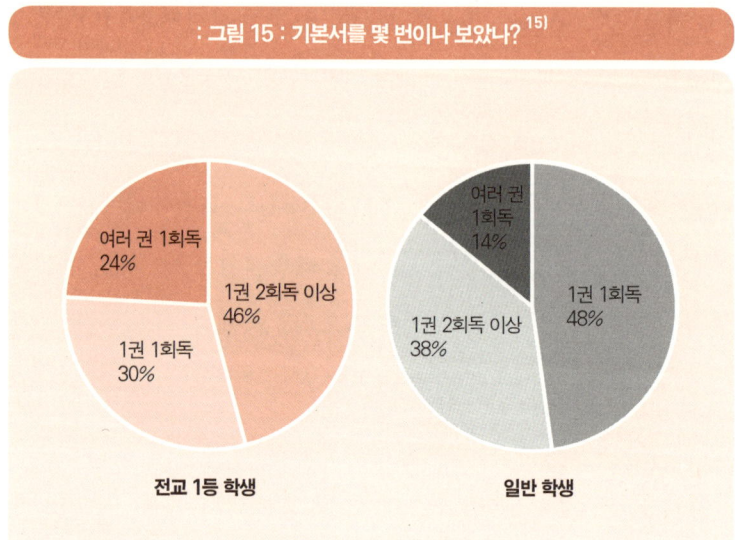

: 그림 15 : 기본서를 몇 번이나 보았나? [15]

전교 1등 학생

여러 권 1회독
24%

1권 2회독 이상
46%

1권 1회독
30%

일반 학생

여러 권
1회독
14%

1권 1회독
48%

1권 2회독 이상
38%

15. 『중학교부터 시작하는 서울대 공부법: 실천편』, 베리타스알파, 행복한 미래, 2011.

04

네가 직접
출제 위원이 되라

좋은 학원 강사와 시시한 학원 강사를 나누는 기준은 문제 뽑는 능력에 달려 있다는 말이 있다. 시험에 어떤 문제가 나올지를 잘 알아내는 것은 좋은 강사의 중요한 자질이다. 시험 문제를 맞힌다는 것은 그만큼 내용에 대한 깊은 이해가 있다는 말이기 때문이지.

일본에서 치러지는 학교별 학력평가에서 도시 학교들과는 비교할 수 없이 뛰어난 성적을 내는 일본의 작은 시골 학교가 있다. 변변한 사교육 시설 하나 없는 시골 학교에서 거둔 성과라 일본 언론에 크게 보도되었다. 이 학교의 교육방식이 도시 학교와 다른 점이라면 학생들에게 시험 문제를 내게 한다는 것이다. 이 학교 학생들은 조를 짜서 이번 시험에 나올 문제를 스스로 낸다. 학생들이 낸 문제를 보고 가장 좋은 문제를 낸 조의 문제를 선생님이 시험 문제로 낸다. 어떤 문제가 발탁되었는지는 시험 당일에 알 수 있다. 출제의 영광을 얻은 조는 시험 문제를 맞혔다는 것뿐만 아니라 선생님으로부터 선물도 받는다. 그래서 출제의 영광을 얻기 위해 각 조가 서로 좋은 문제를 내려고 경쟁적으로 노력하게 되고, 그러다 보니 결국 내용 숙지도 스스로 잘할 수밖에 없다는 것이 이 학교 선생님의 이야기였다.

물론 시험 점수를 잘 받는 것은 중요하다. 하지만 운이 좋아 잘 찍어서 네 실력보다 점수가 잘 나올 수도 있고 잠깐의 판단 실수로 문제를 놓칠 수도 있다. 단순한 시험 점수로는 네 실력을 정확하게 알 수 없다는 말이다. 네 진짜 실력을 알려면 네가 시험 문제를 얼마나 잘 예측하느냐를 보면 된다. 선생님은 그 시험범위에서 가장 핵심적인 개념을 출제하기 때문이다.

자, 이번에 성적을 올리기로 한 과목이 정해졌다면 시험을 보기 전에 나만의 시험 문제를 뽑아보자. 네가 얼마나 시험 준비가 잘되어 있는지를 알아보는 가장 정확한 척도가 된다. 그리고 시험이 끝나면 나의 시험지와 선생님의 시험지를 비교해보자. 물론 정확하게 일치하는 문제는 없을지 몰라도 같은 개념을 물어보고 같은 지문을 출제하며 같은 보기를 낸 경우가 반드시 있을 것이다. 이럴 때 맞힌 문제의 개수에 따라 네게 상을 주자. '5문제 이상 맞히면 학원 하루 빠지기, 10문제 맞히면 가까운 곳으로 하루 여행 떠나기' 식으로 말이지. 간혹 문제와 보기까지 비슷하게 일치하는 예도 생긴다. 이런 때는 내가 선생님 머리 꼭대기에 앉아 있는 것 같은 짜릿한 쾌감을 누릴 수 있다. 물론 처음에는 어떤 문제를 내야 할지 몰라 포기하고 싶고 이런 짓을 왜 하나 하는 생각이 들겠지만 일단 한 번만 출제해보자.

시험이 끝나면 어떤 문제를 틀렸는지 반드시 확인하라는 선생님의 잔소리가 이어진다. 그런데 시험이 끝나면 시험지를 들춰보기도 싫지? 하지만 네가 시험 문제를 냈다면 저절로 틀린 시험지를 확인하게 된다. 네가 낸 문제와 선생님이 낸 문제를 비교하면서 생긴 '문제에 대한 감각'은 다음 시험 문제를 정확하게 예측하는 초능력을 너에게 선사한다.

05

실패를 발판으로 삼는 방법

열심히 계획하고 최선을 다해 노력했음에도 실패를 경험할 때 인간은 좌절한다. 더 치열하게 노력했을수록 더 많이 좌절하고 실망하며, 이 좌절과 실망은 자칫 영원한 포기로 이어지기도 한다. 하지만 우리가 아는 많은 성공한 사람들과 우리가 모르는 더 많은 성공한 사람들에게는 중요한 공통점이 있다. 실패를 포기로 만들지 않았다는 것이다. 기업의 CEO나 엄청난 부자들, 유명한 석학들, 노벨상 수상자들, 세계적으로 유명한 사람들의 이야기를 들어보면 그야말로 입이 떡 벌어진다. 모두들 학교를 중퇴하거나 부모를 실망시키거나 스트레스로 시력을 상실할 지경에 이르거나 감옥에 투옥되거나 자살충동을 느껴 세상을 등지려 했던 어려운 시기를 겪었기 때문이다. 그들은 우리보다 훨씬 더 처절한 상황에서 더 우울한 현실과 끊임없이 싸웠다. 하지만 모두가 그 처절한 실패를 극복했다는 공통점을 가지고 있다.

네가 죽음을 코앞에 두고 있는 시한부 환자가 아닌 이상 너의 실패는 실패가 아니라 성공으로 가기 위한 하나의 과정이다. 너의 인생에는 앞으로 셀 수 없이 많은 시간과 기회가 남아 있다. 그러므로 지금 네가 어떤 실패를 했건 너는 그 실패를 만회할 시간과 기회를 가질 수 있다(의학의 발달로 인간은 100년을 훌쩍 넘게 살 수 있으므로 네 잘못은 100년 안에만 고치면 된다).

지금 실패해도 된다. 실패는 괜찮다. 그러나 실패를 그냥 실패로 끝내는 건 안 된다. 실패를 그냥 실패로 끝내느냐 성공으로 가는 발판으로 삼느냐는 그다음의 행동에 달려 있기 때문이다. 너는 중간고사에 실패했다. 나름대로 열심히 노력했는데도 전교 등수가 30등이나 떨어졌다. 그렇다면 이렇게 말해라. "실패해도 괜찮아. 공부를 잘하는 게 그렇게 쉽게 될 리가 없잖아? 성적은 떨어질 수도 있어. 이제 바닥을 쳤으니 올리는 일만 남았군. 좋아, 이번 실패를 경험 삼아 다음에는 성적을 끝내주게 올려주겠어!" 너 스스로 긍정적인 힘을 끌어올리지 않으면 너는 거기서 빠져 나올 수 없다.

네가 이번 시험에 실패한 것은 괜찮다. 처절하게 실패했다면 더욱 다행이다. 자, 게임은 이제부터 시작이다. 너는 실패에서 새로운 길을 찾아내야 한다. 에디슨과 아인슈타인과 스티브 잡스가 그랬고 안철수와 싸이가 그랬던 것처럼 실패를 개념화해야 한다. '실패의 개념화'란 실패를 분석해 해결방안을 찾아내는 것을 말한다. 네 실패의 수수께끼를 너 스스로 풀어야 한다.

시험에 실패한 데에는 반드시 이유가 있다. 그 이유는 외부적인 것과 내부적인 것으로 나눌 수 있다. 외부적인 이유로는 공부할 환경이 조성되지 않았다든지 엄마의 잔소리가 너무 심해서 스트레스를 받는다든지 친구들에게 계속 연락이 와서 공부에 집중할 수 없다든지 등이 있을 수 있겠지. 내부적인 이유로는 딴생각이 많다든지 공부 의욕이 없다든지 무기력하거나 우울한 기분이 든다든지 등을 들 수 있겠다. 이런 외부적인 이유와 내부적인 이유를 꼼꼼하게 적자. 그리고 이것들을 해결하려면 어떤 방법이 있을지 해결책을 옆에 적자. 해결책이 바로 생각나지 않는다면 부모님이나 친구, 선생님께 조언을 구해서 하나씩 격파해나가자. 이렇게 외부적이고 내부적인 문제점을 극복해나가는 '실패의 개념화'가 바로 네가 다음에도 같은 실패를 할 것이냐 아니면 조금씩 성공을 향해 나아가느냐를 가르는 관건이 된다.

실패의 외부 요인	실패의 내부 요인	성공으로 가기 위해 반드시 해결 할 일
•	•	•

이때 실패를 정당화하는 이런저런 변명 같은 것은 집어치우자. 나는 열심히 하려고 했는데 엄마가 안 도와주고 친구들이 방해한다는 말은 다 구질구질한 변명일 뿐이다. 그런 변명들 때문에 실패를 반복하는 것이다. 물론 한 번 만에 모든 문제를 해결하고 바로 성공에 도달하는 사람은 없다. 하지만 이렇게 실패를 분석하고 이 문제를 해결하려고 노력하는 사람과 그렇지 않은 사람은 10년 뒤에 전혀 다른 삶을 살게 된다.

실패를 분석해라. 그리고 그 실패의 이유들을 치열하게 제거해라. 그리고 너에게 용기를 줘라. 현실을 정면으로 마주 봐라. 징징거리지 말고 다음에는 벌떡 일어나게 스스로를 격려해라. 설령 엄마가 상처가 되는 말을 했다 해도 'Delete 키'를 눌러 삭제해버려라. 엄마는 너에게 상처를 주려고 그런 말씀을 하신 게 아니다. 너에게 실망해서 그러신 거다. 너를 얼마나 사랑하는데, 그래서 얼마나 기대가 큰데, 그런 마음을 네가 몰라주는 것 같아 속이 상해서 하신 말씀일 뿐이다. 그 실망은 네 성적과 태도가 바뀌면 한순간에 바뀌는 것이다. 사실 엄마는 네게 그런 얘기를 했다는 것도 다 잊어버리고(엄마가 치매 초기 증상인 거 알지?) 변함없이 너를 사랑하고 다시 너에게 기대를 하고 계셔. 그런데 네가 계속 예전 말들 때문에 괴로워할 필요가 어디 있니?

스티브 잡스가 위대한 점은 자신이 피땀 흘려 만든 회사에서 쫓

겨나는 굴욕과 실패를 겪었음에도 다시 일어났다는 것이다. 싸이가 대단한 점은 대마초로 투옥되고 병역비리로 언론과 여론으로부터 뭇매를 맞았으면서도 다시 벌떡 일어나 도전했다는 것이다. 너의 위대한 점 역시 전교 400등을 했던 과거를 딛고 원하는 대학에 합격했다는 것이 될 것이다. 진흙 바닥에 꼬꾸라져 있는 너를 다시 일으켜 세워라. 너의 엉덩이에 묻은 흙을 털어주고 다음에는 잘할 수 있다고 어깨를 다독여라. 너의 실패를 사랑해라. 그리고 너를 더 사랑해라.

06

문제를 깔끔하게 해결하는 STAND 5단계[16]

인생을 살다 보면 어려운 문제와 끊임없이 만나게 된다. 결국 이 어려운 문제를 어떻게 해결해나가느냐에 따라 우리 인생은 일류가 되기도 하고 삼류가 되기도 한다. 지금 어려운 문제를 만나 고민하고 있다면 다음과 같은 방법을 써보자. 지금 소개하는 방법은 헝클어지고 복잡한 머릿속을 정리하는 데 큰 도움을 줄 뿐만 아니라 실제로 문제를 해결하는 데 결정적인 역할을 한다. 문제가 머

---

16. 『우리 아이 어떤 재능이 있을까?』, 미셸 보바, 한언, 2006.

릿속에 들어 있을 때에는 안갯속에서 숨바꼭질을 하는 것처럼 아득하고 난감하지만, 이 문제를 머리 바깥으로 꺼내서 눈에 잘 보이게 펼쳐내면 더는 안갯속을 헤매지 않아도 된다. 자, 어려운 문제가 있다면 위축되지 말고 다음과 같은 방법을 써보자. 내가 장담하는데, 효과 정말 좋다.

1단계 S(stop): 중지하고, 침착하게 자신의 감정을 확인하라

흥분하거나 두려움에 휩싸인 상태에서는 현실을 직시할 수 없다. 울기, 흥분해서 소리 지르기, 걱정과 두려움에 휩싸이기를 당장 중지하고 마음을 가라앉히는 게 우선이다. 그런 후에 마음이 이렇게 힘든 이유를 가만히 생각해본다. 엄마에 대한 원망 때문인지 친구들에게 화가 나는 것인지 나 자신에 대한 후회 때문인지 혹은 그 모두 때문인지 말이다. 네 감정이 어떤 상태인지 확인하는 것만으로도 일단은 치료가 시작되었다.

2단계 T(tell): 문제가 무엇인지 정의하라

문제를 단지 마음으로 생각하고 있는 것과 종이에 적는 것과는 하늘과 땅만큼 큰 차이가 있다. 마음속의 고민과 고통은 사실 확대된 측면이 있다. 마음속에는 현재의 문제뿐만 아니라 여러 가지 감정이 뒤섞여 있기 때문이다.

종이에 이렇게 쓴다. "나는 친구 현주와 싸워서 괴롭다. 그런데 현주는 내가 싫어하는 혜린이와 친하게 지내면서 내 욕을 하고 있다. 이 문제를 해결해야 한다."

이렇게 쓰고 나면 현주와의 갈등만 해결하면 되기 때문에 문제에 훨씬 쉽게 접근할 수 있다. 사실 너는 그동안 너를 괴롭혔던 수많은 친구의 얼굴이 머릿속에서 뒤섞이면서 현주와의 갈등을 더 크게 느꼈을 것이다. 그러니 문제가 해결되기를 원한다면 지금 너를 괴롭히는 문제가 무엇인지 정확하게 적어라.

3단계 A(ask): "대안은 무엇인가?"를 질문하라

문제를 정의했다면 이 문제를 해결하기 위한 대안을 생각나는 대로 적어보자. 어떤 것이든 좋다. 떠오르는 대로 적는 것이다.

"수업 후 뒷산으로 현주를 불러내 한판 뜬다. 엄마한테 이른다. 블로그에 그간 현주의 실상을 낱낱이 공개해버린다. 현주와 혜린이의 책가방에 음식물 쓰레기를 넣는다. 현주에게 사과 편지를 쓴다. 편지와 함께 선물을 준다."

다 적어놓고 나면 생각보다 여러 가지 해결책이 있다는 것을 알게 될 것이다. 이때 필요하다면 도움을 줄 만한 사람, 즉 부모님이나 선생님, 친구들의 이름을 써보자. 그리고 실제로 이들에게 나의 어려움을 털어놓자(책 앞날개에 있는 샘 메일로 편지를 보내도 좋다).

네가 생각했던 것보다 훨씬 많은 주변 사람들이 도움을 줄 수 있다. 무조건 나 혼자 문제를 짊어지지 않아도 된다고 생각하면 어깨가 훨씬 가벼워진다. 또한 해결책이 이렇게 여러 가지가 있다고 생각하면 문제를 바라보는 어려움이 한결 덜하다.

4단계 N(narrow) : 선택을 좁혀나가라

적어놓은 여러 가지 해결책 중에 어떤 것은 실천 가능한 것도 있을 것이고 어떤 것은 당장 실천하기에는 어려움이 있는 것도 있을 것이다. 그렇다면 실천하기에 어려운 것부터 지우자. 해결책이 하나씩 지워질수록 문제의 해결에는 점점 더 가까워진다. 가장 마지막까지 지워지지 않고 남아 있는 문장이 바로 네가 이 문제를 해결할 가장 효과적인 방법이다.

5단계 D(decide) : 결정하고 실천하라

적어놓은 해결책 중에 끝까지 남아 있는 것이 바로 문제를 해결할 가장 확실한 방법이다. 올바른 단계를 거쳐 해결책에 도달했으므로 잘못된 결정을 내릴 확률은 매우 낮다. 그러니 이제 너는 끝까지 지워지지 않고 남아 있는 해결책대로 실천만 하면 된다. 이걸 할까, 저걸 할까 고민할 필요도 없고 더 나은 방법은 없을까, 지금 하는 게 최선일까 갈등할 필요도 없다. 지금 적혀 있는 그것!을 지금 당장 시작하면 된다.

현주와의 문제 때문에 고민할 때 '편지를 쓴다'가 끝까지 지워지지 않고 남아 있다면 지금 편지지에 사과 편지를 쓰면 된다. 물론 현주가 네 편지를 찢어버리거나 네 사과를 안 받아줄 수도 있지. 하지만 네가 현주한테 편지를 쓴 것은 네가 결정한 최선이었다. 그러므로 사과를 못 받아들인 것은 현주의 몫이지 너의 잘못이 아니다. 너는 네가 할 수 있는 최선을 다했기 때문이다.

물론 네가 예상했던 대로 일이 진행되지 않을 수도 있다(인생은 원래 예상대로 되는 게 아니다). 그렇더라도 화를 내거나 당황할 필요는 없다. 너는 너만의 최선을 다했으니 그걸로 된 거다. 이제 더 좋은 방법은 없으므로 현주는 잊어버리자. 너 같이 좋은 친구를 놓쳤으니 어리석은 것은 현주다. 물론 현주가 네 편지에 감동을 받아 다시 너를 좋은 친구로 생각해줄 확률도 절반은 된다는 것을 잊지 말 것!

문제를 해결하는 방법은 의외로 멀리 있지 않다. 어른들 역시 사소한 문제를 앞에 놓고 어쩔 줄 몰라하고 머리 싸매고 괴로워한다. 그런데 왜 어떤 어른은 괴로움을 슬기롭게 헤쳐나가면서 성공하고, 어떤 어른은 술과 넋두리 속에서 인생을 허비하는 것일까? 그것은 문제를 해결하는 방식에 있다.

문제가 있다면 문제를 똑바로 바라보고 그에 맞서 하나씩 해결하며 앞으로 걸어나가야 한다. 그리고 이런 삶의 방식은 어릴 때부터의 경험으로 만들어진다. 그러니 이제부터 어려운 문제가 나타나면 이렇게 말하자. "너 문제야? 나 문제 해결사야. 이제부터 내가 너를 해결해주겠어!"

2만 개가 넘는 기회의 문

우리나라 고용노동부에는 2만여 개의 직업이 등록되어 있다. 우리나라에만도 2만 개가 넘는 직업이 존재한다는 말이다. 앞으로 너희가 나가서 살게 될 세계 여러 나라에는 50만 개가 넘는 직업이 있다. 그런데 네가 알고 있는 직업을 한 번 노트에 적어보렴. 20개쯤 적을 수 있니? 30개? 아마 50개는 못 적을 거다. 2만 개의 직업 중 우리가 알고 있는 직업이라곤 고작해야 50개가 될까 말까다. 너는 네가 알고 있는 50여 개의 직업 중 하나를 선택하게 될 거라고 생각하지만, 사실 너는 2만 개의 직업 중 하나의 일을 하게 된다. 네가 가진 기회의 수가 어마어마하다는 거다.

막연히 돈 버는 데 도움이 될 것 같아서 경영학과에 입학했다고 해보자. 열심히 공부해서 회계사나 세무사, 관세사, 감정평가사가 될 수도 있다. 아니면 기획이나 마케팅 업무를 하는 회사에 취직할 수도 있으며 조세행정가가 될 수도 있고 무역이나 운송에 관련된 일을 할 수도 있다. 인사나 노사 관련 전문가가 될 수도 있고 진단 및 공공행정 전문가가 되거나 꼼꼼한 성격 덕에 회계나 전산 일을 할 수도 있고 나중에 정말 내 사업을 할 수도 있다. 경영학을 공부한다는 것은 이 다양하고 무궁무진한 선택과 만난다는 것이다. 더 큰 세상으로 나아간다는 말이다.

고등학교를 졸업하고 제빵 기술을 배워서 훌륭한 제빵 기사가 되는 것도 행복하고 보람된 일이다. 그렇게 평생 동네 사람들을 즐겁게 해주는 빵을 만들며 살아간다고 해도 자기 스스로 만족한다면 이것만큼 행복한 일도 없다. 하지만 네가 대학의 관련 학과에 입학한다면 너의 인생은 매우 달라질 것이다. 다양한 재능을 가진 친구들을 만나서 서로 경쟁하면서, 제빵학원에서는 알려주지 않았던 것을 배우게 될 것이고 훌륭한 교수님들을 통해 이제까지는 알지 못했던 더 큰 제과제빵의 세계를 만날 것이다. 학교에서 초대한 세계적인 요리사와 만나 실제로 가르침을 받게 되거나 이를 계기로 목표를 더 높게 가질 수도 있다. 학과 장학생으로 뽑혀 유럽으로 요리 연수를 다녀오거나 교수님이나 선배의 소개로 큰 호텔에 들어가서 연습생 시절을 보내는 일도 가능하다. 네가 꿈꾸는 세계적인 파티쉐나 쉐프가 되는 일은 혼자서 열심히 빵만 만들어서는 도저히 도달할 수 없다.

누구의 도움도 없이 천재적인 실력으로 요리경연대회에 나가 1등을 하고 사람들을 깜짝 놀라게 하는 일은 만화의 세계에서나 가능하다. 현실에서는 이런 일이 일어나지 않는다. 너는 만화 주인공처럼 천재도 아닐뿐더러 인간은 더 큰 세상에서 자극을 받으면서 깨지고 배우고 성장하기 때문이다. 네가 만일 성공을 원한다면 너는 더 많은 사람을 만나 더 많이 깨지고 더 많은 가르침을 받으며 발전해야만 한다. 대학은 수많은 교수와 동료와 선후배들이 너를 그렇게 이끌어주기 위해 기다리고 있는 장소다.

물론 네가 원하는 직업이 의사나 교사처럼 꼭 대학을 나와야 하는 일일 수도 있고, 대학을 나오지 않아도 되는 일일 수도 있을 것이다. 하지만 더 큰 성공을 바란다면, 더 넓은 세상을 원한다면 너는 대학에 가야 한다. 대학에 가서 지금은 상상할 수도 없고 예측할 수도 없는 세계를 만난다면 지금 가지고 있는 네 목표는 얼마든지 커질 수 있고 너와 딱 맞는 적성을 찾게 되기도 한다.

지금처럼 닫힌 세계, 편협한 교실에서는 전혀 알지 못했던 2만여 개의 직업을 다양하게 탐색할 수 있는 곳으로 가길 원한다면 변명은 그만둬라. '내가 원하는 일은 꼭 대학을 안 나와도 되는 일이니까. 반드시 대학을 나온 사람만이 잘사는 것은 아니니까'라는 말은 집어치우고, 너를 무한히 발전시킬 수 있는 대학을 목표로 더 열심히 달려라.

어떤 일을 하더라도 공부는 기본이다

: 신창호(광주 금호고 졸업. 서울대학교 심리학과)

> ❝ 컴퓨터 사용에 문제가 있다면,
> 중독을 만드는 환경에서 벗어나라.
> 공부는 자신의 삶을 책임지는 것이다. ❞

안경 너머로 보이는 순수하고 수줍음 많은 첫인상과 달리 신창호 군은 중학교 2~3학년 때 아침 아홉 시부터 밤 열 시까지 밥 먹는 시간을 제외하고 계속 컴퓨터 게임에 매달렸던 게임 중독자였다고 고백했다. 부모님이 출근하시면 자신을 제재할 사람이 없어서 게임을 끊을 수가 없었다고. 남들은 고등학교 진학 준비로 바쁘게 보낼 시간에 게임에 몰두했던 창호 군은 결국 게임을 계속하는 것이 너무 무의미하다는 것을 깨닫고 공부를 시작했다. 그 어렵다는 게임 중독을 끊을 수 있었던 것은 부모님의 잔소리가 아니라 자기 자신을 반성하고 스스로의 행동을 컨트롤했기 때문이다. 어떤 반성이 창호 군을 공부의 세계로 이끌었을까?

: 어떻게 컴퓨터 중독에서 벗어났나?

초등학교 때부터 게임을 좋아했다. 컴퓨터가 한 대밖에 없었던 초등학교 시절에는 형과 나누어 써야 했기 때문에 저절로 자제가 되다가 중학교 때 형이 군대에 가자 컴퓨터를 독점했다. 점점 게임하는 시간이 늘어났고 방학 때는 아침 아홉 시부터 밤 열 시까지 밥 먹는 시간 빼고 계속 게임만 했다. 부모님이 일을 하셔서 내게 간섭할 사람이 없었다. 그러다 중3 겨울방학 때 문제를 자각했다. 고등학교에 들어가야 하는데 아무것도 해놓은 게 없었기 때문이다. 겁이 났고 내 미래가 걱정되었다. 나는 컴퓨터와 이별하기로 했다. 컴퓨터 중독에서 벗어나기 위해 제일 처음 한 것은 컴퓨터와 만나는 시간을 만들지 않는 것이었다. 일부러 아침을 먹자마자 집을 나와 도서관으로 갔다. 도서관에서 친구를 만나면 PC방을 가게 되기 때문에 친구들을 만나지 않고 혼자 다녔다. 고등학교 가서도 공부를 할 때는 일부러 컴퓨터 없는 곳을 찾아다녔다. 기숙사에도 컴퓨터실이 따로 있었는데 거기 가면 쓸데없이 컴퓨터에 빠지는 나 자신을 잘 알기 때문에 인터넷 강의 같은 것조차 듣지 않았다.

컴퓨터 끊기가 너무나 어려운 친구들은 컴퓨터가 없는 환경을 만들어야 한다. 의지만으로 자신을 컨트롤하기는 힘들다. 그런데 내가 요즘 학생들에게 걱정되는 것은 컴퓨터 중독보다 스마트폰 중독이다. 시도 때도 없이 울리는 카톡뿐만 아니라 게임과 웹서핑을 언제든 할 수 있기 때문에 컴퓨터 중독보다 더 끊기 어렵다. 스마트폰을 가지고 있다면 피처폰으로 바꾸기를 권한다. 중·고등학교 시기는 효율도 효율이지만 절대적인 시간을 무시할 수 없다. 그런 만큼 일단 공부에 방해되는 것들과 만나는 환경을 만들지 말아야 한다.

: 게임만 했다면 성적이 형편없었겠는걸?

그렇지는 않았다. 공부는 주로 시험기간에 벼락치기로 했는데 그래도 중학교 때는 어느 정도 성적이 나왔다. 벼락치기로 공부하고 시험 보면

싹 잊어버리는 일을 반복했다(웃음). 그렇지만 중학교 때 기초가 안 되어 있어서 고등학교 때 고생을 좀 했다. 내가 거의 공부를 안 했는데도 성적이 형편없지 않았던 이유는 그나마 수업시간에는 선생님 말씀을 집중해서 들었기 때문인 것 같다. 부모님께서 어른에 대한 예의를 무척 중요하게 생각하셨고 그렇게 가르치셨다. 그래서 나는 수업을 열심히 듣는 것이 선생님에 대한 예의라고 생각했다. 예의 있게 행동하려고 수업시간에 선생님 말씀을 잘 들었는데, 그게 나중에 공부하는 데 정말 도움이 되었다. 초등학교 때부터 한문을 공부했던 것도 도움이 되었다. 단어의 다양한 의미를 아는 것이 논술을 하는 데도, 다른 과목을 공부하는 데도 크게 도움이 된다. 아직 중학생이라면 선행학습을 하기보다는 한문을 공부하라고 권하고 싶다.

: '교과서로 공부했어요'라는 말에 대해 어떻게 생각하나?

교과서는 공부의 기본이다. 교과서는 단어 하나하나의 의미까지도 엄밀하게 파악해서 만들어놓은 훌륭한 교재다. 그 단어와 행간의 의미를 파악하는 것이 진짜 공부다. 시험을 잘 보려면 교과서를 기본적으로 다섯 번은 봐야 한다. 교과서를 달달 외우라는 게 아니라 내 식대로 파악해서 머릿속에서 재구성하라는 말이다. 예를 들어 '명성황후 시해 사건이 어떤 원인 때문에 일어났고 역사적으로 어떤 의미가 있는가?'를 자기 나름대로 이해해야 한다는 말이다. 교과서의 의미를 완전히 파악하고 나름대로 해석해야 한다. 그 후에 문제집으로 자신이 얼마나 알고 있나 테스트해보면서 교과서에 나타나지 않은 것을 이해하는 데 응용한다. 언어, 수리는 좀 다르지만 암기과목은 교과서를 완벽하게 이해하는 게 공부의 전부라고 생각한다. 사람들은 수능 만점 받은 친구들이 '교과서로 공부했어요'라고 말하면 거짓말이라고 생각하지만 절대 그렇지 않다. 공부를 잘하는 친구일수록 교과서를 정말 열심히 본다. 교과서에서 선생님이 강조하신 것을 꼼꼼하게 봐야 시험을 잘 볼 수 있다.

: 학원이 필요하지 않았나?

학원을 완전히 부정하지는 않는다. 분명 학원에 다니면서 잘하는 친구들도 있다. 나도 논술이 어렵고 학교에서는 도움을 받을 수 없어서 논술은 학원에 다녔다. 하지만 확실한 건 자신의 방법을 알아야 한다는 것이다. 그냥 불안하다는 이유로 학원에 다녀서는 안 된다. 자신이 어떤 것이 안 되는지 알고 그것을 얻기 위해 학원에 가야 한다. 또 학원에 다닌다는 이유로 학교 수업을 충실하게 듣지 않는다면 도리어 시간낭비다.

: 어떤 방법으로 공부했나?

고3 여름방학 때 모의고사를 보고 충격을 받았다. 이 성적으로는 내가 원하는 서울대를 가지 못할 것 같다는 불안감이 엄습했다. 나는 주로 내신 위주로 공부했기 때문에 모의고사 관리를 잘하지 못했다. 하지만 결국 내신을 탄탄히 하는 게 중요하다고 생각한다. 나는 중학교 때 기초를 탄탄히 하지 못해서 모의고사 점수가 흔들렸다고 생각한다. 하지만 모의고사 점수는 문제를 푸는 요령이랄까, 사고력의 확장이랄까 그런 게 생기면 저절로 좋아지는 측면이 있다. 그런데 내신 관리가 안 되면 답이 없다. 내신을 충실하게 관리하는 게 중요하다.

전교 1등을 하는 친구들을 보면 쉬는 시간에도 쉬지 않고 공부했다고 하던데, 나는 그렇게 쉬지 않고 집중하는 것이 힘이 들어서 쉬는 시간은 친구들과 잡담도 하고 쉬었다. 그래야 다음 시간에 공부할 힘이 났다. 물론 시간을 아껴서 공부를 해야 하는 상황이긴 하지만 정말 중요한 것은 짧은 시간이라도 집중하는 것이다. 쉬는 시간에는 쉬고 공부시간에 열중할지, 쉬는 시간도 아껴서 공부할지는 자기 스타일에 맞춰서 결정하는 게 좋을 것 같다.

: 후배들에게 해주고 싶은 말은?

어떤 일을 하든 자기 삶에 책임을 지는 것이 중요하다. 지금은 공부를 해야 할 시기이니까 공부를 하는 것이 자신의 인생에 책임을 지는 것이다. 공부는 하지 않으면서 다른 일을 하면 잘할 수 있을 것이라 생각하는 것은 착각이다. 공부는 어떤 일을 하더라도 그 일을 하는 기본이 된다. 고등학교 공부는 기본적으로 인간이 알아야 할 기초를 가르친다. 그러므로 학업에 충실하면 세상에 나가서 어떤 일을 하더라도 그것을 하는데 기초가 되어줄 것이다. 다른 것을 하고, 다른 일을 해도 그 부분의 지식이 필요한데 고등학교 과정은 전문적인 지식을 쌓기 전에 알아야 할 기본이다. 그러므로 장래 계획이 어떠하든 일단 공부를 열심히 하라고 말해주고 싶다.

수능 5교시 제2외국어·한문 영역

암기가 필요한 과목들은 어떤 걸 외워야 할지 정해져 있으므로 사실 걱정할 필요가 없다. 자기가 뭘 모르는지만 알아서 딱딱 채워나가면 되기 때문이다.

예를 들어 한문은 뜻이나 음만 써놓는 방식으로 스스로 시험 문제를 만들어서 테스트하는 방법이 효율적이다. 틀린 것은 체크해서 몇 번이고 써봐야 하는데, 한 번 쓰고 그냥 끝내지 말고 다시 테스트를 해야 한다(자기가 만든 시험지라도 그 위에 답을 쓰지 말고 다른 종이에 써서 여러 번 반복해라). 이렇게 계속 체크해나가면서 암기의 양을 늘려가야 한다. 이때 주의할 점은 좀 아리송했던 것까지 체크해야 한다는 것이다. 풀 때 아리송했으면 다음 날 반드시 잊어버린다.

암기과목 잘 못하는 친구들의 특징은 자기가 한 번 쓱 보면 다 외워지는 줄로 착각하는 것이다. 책이나 노트를 보면 다 외우고 있는 것 같지만 백지에 적어보면 뜻밖에 외운 게 거의 없음을 알게 된다. 이렇게 대충만 외웠을 때는 문제를 약간만 응용해도 헷갈리게 되어 있다. 보기 ③번과 ④번 중에 찍었는데 찍은 게 꼭 틀리는 학생이라면 대충만 외워서 그런 거다.

암기과목은 정확하게 외우는 게 중요하다. 대충 쓱 보고 외웠다고 생각하지 말고 반드시 손으로 쓰고, 자신이 쓴 것을 다시 외우고, 스스로 문제를 내면서 확실하게 점검해야 한다. 스스로 점검하는 습관을 지니는 것이 암기과목에 성공하는 방법이다.

학원 없이 서울대 간
아이들의 한결같은 이야기

학원 강사로 오랫동안 있으면서 학원은 정말 답이 아니라는 생각을 수도 없이 했다. 그러나 너무나 많은 학생과 학부모가 학원을 당연한 것으로 생각하기 때문에 '공부하는 데 학원이 독이 된다'고 주장하는 샘은 화성인이 되기 일쑤였다. 그래서 때로 외로웠고 때로는 '내가 현실을 잘못 알고 있나?' 하는 의구심을 품기도 했다. 하지만 그 의구심은 서울대 친구들을 만나면서 한 방에 날아갔다.

평범한 IQ로 <u>스스로</u> 공부해서 서울대 간 기특한 친구들을 만나서 얘기를 나눴는데, 이야기를 하면 할수록 놀라웠던 것은 그들이 다 똑같은 이야기를 한다는 것이었다. 그들은 마치 짠 것처럼 같은 이야기를 반복해서 했다. '어떻게 고등학교 때 한 번도 만난 적이 없는 아이들이 같은 이야기를 할까? 그렇다면 이것이 전교 1등을 하게 하고 서울대를 가게 하는 정답이고 해결책이구나!' 하고 확신하게 되었다. 그들이 내게 한목소리로 말해준 것은 다음과 같다.

1. 동기가 첫째다

공부하면서 힘이 들 때마다 고비를 넘기게 하고 힘을 준 것은 어떤 학교에 가고 싶고 어떤 일을 하고 싶다는 강력한 동기였다. 왜 공부하는지, 무엇이 되고 싶은지에 대한 강력한 목표 없이는 절대 공부를 잘할 수 없다. 하고 싶은 것을 찾고 그것을 강하게 원해라.

2. 수업시간에 집중하라

내신을 주는 것은 학교 선생님인데 학교 수업을 버리고 학원에 의존하는 것은 어리석은 짓이다. 학교 선생님이 마음에 안 드는 부분이 있더라도 무조건 좋은 점을 보고 의지해야 한다. 수학시간에 영어 공부하고 영어시간에 사회 공부를 하거나, 진짜 공부는 학원에서 하고 학교 수업시간에 엎드려 잔다면 절대로 좋은 대학 못 간다. 수업시간에 최대한 집중해라.

3. 계획표를 확실하게 관리하라

계획표를 꼼꼼하게 짜고 힘들어도 꼭 지키려고 노력해라. 촘촘하고 자세한 계획표는 좋은 대학으로 가는 티켓이다. 계획표를 매일 짜고, 오늘 하루 이 계획표를 지켰는지 아닌지를 규칙적으로 체크해야 한다. 그래야만 내가 어떤 공부가 부족한지, 어떻게 공부해야 할지 알 수 있다.

4. 교과서를 분석하라

모든 문제는 결국 교과서에서 나온다. 문제집도 교과서를 참고로 해서 만든 것이니 교과서에서 완전히 벗어나는 문제란 있을 수 없다. 교과서를 다섯 번 이상 읽으면서 개념을 확실하게 정리한 후에 문제집을 풀어야 응용문제를 해결할 수 있다. 개념 정리도 안 된 상태에서 문제집부터 푸니까 틀리는 문제를 계속 틀리는 것이다.

5. 많이 자고 맑은 정신으로 집중하라

피곤하고 잠이 오는 상태에서는 공부에 집중할 수 없다. 문제는 시간이 아니라 집중력이다. 여섯 시간 이상 푹 자고(인터뷰를 한 모든 학생이 여섯 시간 이상 잤다고 대답했다) 깨어 있을 때 확실하게 집중해라. 자투리 시간을 허비하지 않고 잘 활용하면 자는 시간을 충분히 확보할 수 있다.

사실 여기에 새로운 것은 아무것도 없다. 이 책을 읽는 너는 '뭐 이런 당연한 것을 서울대 아이들의 공부법이라고 공개하는 거야?'

라고 하품을 할지도 모른다. 인터뷰했던 서울대 학생들도 같은 말을 했다. 이 법칙은 모든 친구가 다 알고 있다고. 하지만 일반 학생과 서울대 학생들의 다른 점은, 서울대 학생들은 이 간단한 법칙을 실천했고 일반 학생은 다 알고 있으면서도 실천하지 않는다는 점이다. 이것이 그들과 우리를 가르는 지점이다. 샘 역시 학교 다닐 때 이것을 잘 실천하지 못했다. 이 법칙들을 몰라서가 아니었다. 이 법칙들을 우습게 생각했기 때문이다.

학원이 알려주는 방법들은 화려하다. 선행학습을 반드시 해야 하고 다양한 문제집을 풀어야 하며 영어는 특별 관리해야 한다고 그럴듯한 말로 너를 유혹할 것이다. 하지만 공부를 잘하는 데 특별한 방법 같은 것은 없다. 그런 게 진짜 있다면 그것을 발견한 사람은 아마 노벨상을 받았겠지. 그러니 3주 만에 영어 귀가 뚫리고 석 달 만에 수학 성적을 수직상승시켜준다는 학원광고는 몽땅 사기고 거짓이다. 성적 향상은 네가 이 모든 달콤한 학원의 유혹을 끊어내고 우직하게 공부와 씨름할 때 너의 노력을 디딤돌로 해서 천천히 오는 것이다.

지금까지 너의 공부는 학원이 손을 잡아주어야 걸을 수 있는 절름발이 공부였다. 그러나 절름발이 공부로는 절대 앞으로 뛰어나갈 수 없다. 학원의 손을 과감하게 밀어내라. 물론 혼자 걸으려면 비틀거리는 시간도 있고 학원에 의지할 때보다 힘이 들 것이다.

하지만 스스로 걷는다는 건 학원에 의존하는 아이들은 절대로 맛볼 수 없는 성취감이자 희열이다. 그리고 그것이 어려운 고3 시절을 견뎌내게 하는 힘이 된다.

자, 앞으로 걸어나가라. 혼자서 말이다. 장애물이 나타나면 어떻게 넘을지 고민하고 애쓰면서 네 힘으로 뛰어넘어라. 저 멀리 네가 원하는 대학이 문을 활짝 열고 너를 기다리고 있다.

인터뷰를 하기로 한 날마다 몇십 년 만의 한파라는 뉴스가 들리곤 했다. 나는 인터뷰를 하러 나오는 친구들에게 한없이 미안했다. 그런데 도리어 그들이 추운 날씨에 서울대 앞까지 와준 나에게 미안해했다. 그들은 인터뷰가 지루했을 텐데도 열심히 대답해주었고 그 긴 시간 동안 겸손한 태도로 최선을 다해 집중해주었다 (서울대생들이 잘난 척을 한다는 것은 서울대생들을 만나보지 못한 사람들이 퍼트린 소문임이 분명하다).

들는 것만으로도 숨이 차는 어려운 과거사를 전혀 얼굴에 드러내지 않고, 유쾌한 성격에 어울리는 노랑 머리카락 뒤로 깊은 인류애를 품고 있던 김자정 군. 내 딸이 열 살만 많다면 당장 사위로 보쌈하고 싶을 만큼 속이 깊고 의젓한 김민수 군. 우리나라 젊은 이들이 모두 저렇기만 하다면 한국이 얼마나 훌륭한 나라가 될까 하는 상상을 하게 했던 패기만만하고 매력적인 조민경 양. 얼마든지 포장해서 잘난 척해도 될 자신의 어려움을 별일 아니라는 듯 담담하게 이야기해주며 예쁘게 웃던 임수현 양. 예의 바른 것 하나만도 기특한데 거기다 차분하고 은근한 유머감각까지 겸비한 신창호 군.

이들이 사랑스러웠던 이유는 공부를 잘해서가 아니었고, 그들 자신이 무엇을 원하는지 확실하게 알고 최선을 다해 노력한다는 점 때문이었다. 이런 젊은이들이 있기에 어두운 뉴스가 쏟아져도 나는 한국의 미래를 믿는다.

책에 인터뷰 내용이 실리지는 않았지만 고등학교, 중학교 친구들과도 인터뷰를 했다. 그 친구들이 들려준 학교와 학원에 대한 생생한 이야기들은 책 내용의 균형을 잡는 데 큰 도움을 주었다. 축구에 대한 무한사랑을 설파하던 자신감 넘치는 김상엽 군, 세상에 대해 궁금한 게 많던 열정적인 김성욱 군, 조용한 미소로 자신의 꿈을 이야기하던 김성엽 군 등 경구고등학교 친구들과 똘똘한 눈망울로 환하게 웃으며 최선을 다해 대답해주던 너무나 예쁜 임주영 양, 동생에 대한 살뜰한 사랑으로 나를 감동케 했던 이지영 양 등 광평중학교 친구들, 그리고 자신의 과제물을 부탁 한마디에 선뜻 내준 신흥대 이민기 학생에게도 감사함을 전한다.

부족한 원고를 선택하고 지지해주신 북포스 방현철 대표님, 책 쓴다는 이유로 불친절하기 그지없는 아내와 엄마를 참아준 가족들, 사랑합니다.

한없이 그리운 사랑하는 엄마, 열심히 걸어갈 수 있게 하늘에서 지켜봐 주세요.

학원 안 다니고 서울대 간 아이들이 말하는

공부와 맞짱뜨기

지은이 | 박효정
펴낸곳 | 북포스
펴낸이 | 방현철

편집자 | 공순례
디자인 | 엔드디자인

1판 1쇄 찍은날 | 2012년 11월 09일
1판 1쇄 펴낸날 | 2012년 11월 16일

출판등록 | 2004년 02월 03일 제313-00026호
주소 | 서울시 영등포구 양평동5가 18 우림라이온스밸리 B동 512호
전화 | (02)337-9888
팩스 | (02)337-6665
전자우편 | bhcbang@hanmail.net

ISBN 978-89-91120-65-5 13590

값 13,000원